Kosten-Controlling – Arbeitsvereinfachung – Prozesskostenrechnung

»CONTROLLING POCKETS«

DIETER F.W. ANDREAS
KLAUS EISELMAYER

Kosten-Controlling & Prozessverbesserung

Methodenbuch zur
Arbeitsvereinfachung

9. Auflage

Herausgegeben von der
Controller-Akademie

Verlag für Controlling Wissen
Offenburg und Wörthsee

9. neu geschriebene Auflage 2005
8. durchgesehene Auflage 2000
7. überarbeitete Auflage 1997
6. durchgesehene Auflage 1994
5. Auflage 1991
4. Auflage neu verfaßt 1988
3. Auflage 1985
2. erweiterte und überarbeitete Auflage 1981

Mit 40 tabellarischen Übersichten

ISBN 3-7775-0005-4

© 1972 Management Service Verlag
Dr. Albrecht Deyhle, D-82237 Wörthsee-Etterschlag
jetzt Verlag für Controlling Wissen AG
Gesamtherstellung: Schoder Druck GmbH & Co. KG,
D-86368 Gersthofen

Printed in Germany 1971/1981/1985/1988/1991/1994/1997/2000/2005

Inhalt

Vorwort des Herausgebers zur 9. Auflage

Eine Unternehmung kommt nur über die Runden, wenn sie ihre Kosten deckt und darüber hinaus Gewinn erwirtschaftet.

Ein angemessener Kapitalertrag gehört ebenso zu den Zielen einer Firma wie *Wachstum* auf ihren Märkten und Entwicklung auf den Gebieten, für die sie sich engagiert.

Ein vernünftiges Verhältnis zwischen Kosten und Leistung gehört deshalb zu den Zielen oder »objectives« eines jeden, der im Unternehmen Dispositionen trifft. Nicht allein auf Mengen- und Qualitätsleistung, sondern auch auf die Einhaltung der geplanten Kosten kommt es dabei an.

Im Titel der 1. Auflage dieses Buches stand als Aufforderung noch der Begriff »Kostenkontrolle«. Eigentlich hätten wir damals schon sagen müssen: *»Kosten-Controlling«.*

Die Controller-Funktion will nämlich nicht mit erhobenem Zeigefinger den Mahner spielen, sondern sie will beitragen zur *Selbstkontrolle* durch informative Kostenbudgets und Soll-Ist-Vergleiche.

Allzuoft enden aber solche Soll-Ist-Vergleiche bei den Kosten damit, daß man eben Abweichungen zur Kenntnis nimmt und der Frage »Na und?« nicht mehr weiter nachgeht. Auch beim gemeinsamen Erarbeiten der Budgets dominiert häufig die Verlängerung von Erfahrungswerten der Vergangenheit in die Zukunft. So etwas reicht höchstens zur Kostenprognose, nicht aber *zu einem echten Budget auf der Grundlage technisch-organisatorischer Abläufe und ihrem Spiegelbild in den Kosten.*

Jeder Kostenplan muß, wenn er »Fahrplan« sein soll, gleichzeitig auch ein Maßnahmenplan sein.

Wie gelangt man konsequent zu entsprechenden Verbesserungsmaßnahmen?

Das hier vorgelegte Methodenbuch von Dipl.-Kfm. Dieter Andreas vom Verband Deutscher Maschinen- und Anlagenbau e.V. (VDMA) in Frankfurt schildert die Management-Techniken der *Arbeitsvereinfachung,* die »zeitgemäß« in Richtung *Funktions-* und *Kostenanalyse* (Gemeinkosten-Wertanalyse) sowie *Geschäftsprozeß-Optimierung* erweitert wurden.

Für die 9. Auflage des Buches hat der Trainer an der Controller Akademie Gauting / München Diplomingenieur Dr. Klaus Eiselmayer die Ideen zur Analyse der Arbeitsabläufe sowie zur Strukturverbesserung mit Hilfe der Arbeitsvereinfachungsformulare systematisch umgesetzt in die Prozesskostenrechnung. Es handelt sich um den in der 9. Auflage komplett und neu dazugekommenen Abschnitt 11, in dem die Ideen gemäß der Prozesskostenspinne auch am Beispiel "zum Nachrechnen" ausgeführt sind.

Also Analyse der Aktivitäten / Tätigkeiten innerhalb der Kostenstelle. Dazu Einfügen der Standards of Performance - der Leistungsarten, bevorzugt in quantitativer und dann aber dazugefügt auch in qualitativer Hinsicht. Dazu ergäben sich die Leistungsmengen je Periode. Auch die Leistungsmengen sind abgestimmt mit der geplanten Auslastung; vielfach ist es gleichzeitig die Verkaufsplanung mit zum Beispiel Zahl der zu bearbeitenden Aufträge ...

Dann ist wie immer schon das Budget zu machen nach Kostenarten, bei denen es sich um Strukturkosten handelt (früher als Fixkosten bezeichnet). Die eigentliche Problematik der Prozesskostenrechnung ist nun, diese kostenartenweise gelisteten Positionen auf die Tätigkeitentypen umzuformen und die Vorgangskostensätze / Prozesskostensätze bilden.

Gauting b. München, Weihnachten 1996/2000 sowie Wörthsee-Etterschlag 2005

Dr. Albrecht Deyhle
Gründer der Controller Akademie

Abschnitt 1

»Alter Wein in neuen Schläuchen – oder?«
(Von der alten »WS« zur »GWA« und »GPO«)

Schon Heraklit hatte erkannt: »Πάντα ῥεῖ (panta rhëi) – zu Deutsch: Alles fließt (ist in Bewegung).

Betrachtet man mit gebührendem Abstand die in den letzten 30 Jahren z.T. heftig geführten Diskussionen um die »Richtigkeit« (besser: Brauchbarkeit) von *Methoden, Instrumenten* und auch *Führungsphilosophien* eines modernen Managements, so war und ist auch heute immer noch einiges im Fluß.

Relativ wenig davon ist auf Dauer geblieben, hat sich verfestigt, gehört heute so zum betrieblichen Alltag wie z.B. *Controlling* oder *Marketing*.

Die 60er und 70er Jahre z.B. waren – bis zum Überdruß – geprägt von immer wieder neuen »Management-by...-Prinzipien«. Übernommen von der Praxis wurden aber eigentlich nur »... by *Objectives*« und natürlich auch das »... by *Motivation*«, obwohl es inzwischen auch hier sehr kritische Stimmen gibt.

Anderes wiederum hat »nur« eine neue Form gefunden:

- »Null-Fehler-Programme (ZD)« sind out, aber Qualitätszirkel (QC) und neuerdings auch »TQM« (= *Total Quality Management*) – auf dem Umweg über Japan – in aller Munde.
- Das »papierlose Büro« mit seinen »Science-fiction-Manager-Cockpits« war eine Utopie, aber die heutige *Bürokommunikation* bringt im Prinzip den gleichen Effekt, wenn auch mit gänzlich anderen Mitteln (electronic mail, elektronischer Briefkasten, elektronischer Kalender, vernetzte PC's bis hin zu Internet).

– Das ursprüngliche Konzept »MIS« wurde zwar nie realisiert, aber es gibt inzwischen ganz spezielle *Informationssysteme* für den Konstrukteur, den Disponenten, den Logistiker, den Finanz-Controller und viele andere mehr.
– *Die Gruppenidee boomt!* Was wird nicht alles vorgeschlagen, was man heute nur im Team (oder in der Gruppe) machen soll? Von der Werkstatt angefangen (Werkstattzirkel, Fertigungs- und Montage-Inseln, autarke selbststeuernde »Betriebe im Betrieb«) über Wertanalyse-, Projekt- und betriebsübergreifende (Gruppen-)Aktivitäten bis hin zum Outsorcing nicht mehr zeitgemäßer bzw. kostenmäßig nicht mehr vertretbarer eigener Leistungen und fairer Partnerschaft zwischen Kunde und Lieferant.

Die Wirtschaft braucht immer wieder neuen »Anstoß« – und jeder Anstoß bringt neue »Wellen«, z.T. sind's wirklich auch nur »Mode«-Wellen!

Unübersehbar die Schlagworte wie »lean management«, »business process engineering«, »only value added activities«, »activity based costing« und wie sie alle heißen. Die Erfahrung lehrt zu zweifeln, ob das wirklich immer alles völlig neu sein kann oder ob nicht teilweise nur alte »Grundgedanken« und »Grundmuster« geschickt aufgegriffen und kundengerecht verpackt mit neuem Leben erfüllt und natürlich auch konsequent weiterentwickelt wurden. Ein kleiner Rückblick ist dabei sicherlich hilfreich:

Erstaunlich, daß trotz allem einige Ansätze auch nach 50 und mehr Jahren praktisch »nicht totzukriegen« sind – die *Arbeitsvereinfachung*[*]) mit ihrem Motto:
»work smarter, not harder!«
gehört zweifellos dazu.

Ihr und einigen ihrer »Ableger« und »professionellen Nachfolgern« sei dieses Buch – nun schon im 30. Jahr – gewidmet: Anfangs der 30er Jahre in den USA entstanden, basierend auf den damals umwälzenden Erkenntnissen einer modernen Fabrikorganisation

---

[*]) englisch: Work Simplification (WS)

(shop management) der Herren Taylor und Gilbreth – inzwischen etwas »verpönt«, weil vielleicht zu dogmatisch –, aber zielgruppengerecht »abgespeckt« auf die Bedürfnisse des mittleren Managements (bis hinunter zur Meisterebene), in Form griffiger *Regeln* und *Handlungsanleitungen*, unterstützt durch praxisgerechte *Formulare* und *Checklisten*, hat diese Arbeitsmethode in den 50er Jahren auch im deutschsprachigen Raum viele »Anhänger« gefunden.

Es gab damals eine richtige »WS-Bewegung«, fast ein wenig sektiererisch geprägt.

Angestoßen durch Seminare des ursprünglich Hessischen, später Deutschen Instituts für Betriebswirtschaft (HIB/DIB) in Frankfurt und der Technischen Akademie (TA) Wuppertal entstand querbeet durch die deutsche Industrie- und Behördenlandschaft eine kaum noch überschaubare Zahl z.T. firmeninterner, z.T. auch firmenübergreifender Arbeitskreise – durchaus vergleichbar der »QC«-Bewegung in Japan in den 70er/80er Jahren.

Diese Arbeitskreise betrieben nicht nur Erfahrungsaustausch über die gemeinsam angewandte Methode, sondern bemühten sich, bei den jeweiligen Treffen stets auch ein hauseigenes Problem des besuchten Unternehmens/ der jeweiligen Behörde mit Erfolg zur Lösung zu bringen. (»Erkennungsmarke« waren bei diesen Zusammenkünften mit den Symbolen der WS geschmückte, dezente Einheitskrawatten. Mrs. Lillian M. Gilbreth, Witwe des Mitbegründers, nahm von einem Deutschen Work-Simplification-Kongreß gleich ein ganzes Dutzend*) davon mit nach Hause.)

Ende der 60er Jahre wurde es dann etwas ruhiger um diese Art der »Do-it-yourself«-Rationalisierung, neue Methoden wurden bekannt. REFA z.B. entwickelte eine eigene »Methodenlehre der Organisation«, die EDV ging in die Fachabteilung, EDV-Organisationsmethoden fanden Zug um Zug breitere Anwendung.

---

*) Anspielung auf ein sehr populär gewordenes Buch ihrer Kinder: »Im Dutzend billiger« (Cheaper by the Dozen).

Unverhofft jedoch war sie auf einmal wieder da: *Gemeinkosten-Wert-analyse* (GWA) hieß nun der neue Trend, sie sollte den Unternehmen Befreiung bringen von der allgemein drückenden Gemeinkostenlast. *Und was war im Gepäck?*

Eine ganze Menge aus der WS abgeleiteter, z.T. natürlich nach neuer Zielsetzung weiterentwickelter »Werkzeuge« aus der guten alten Arbeitsvereinfachung wie z.B.:

- *Aufgabengliederungen,*
- *Tätigkeitslisten,*
- *Zeit- und Aufwandsschätzungen,*
- *Schlüsselfragen.*

Alter Wein in neuen Schläuchen?

Ein bißchen mehr war's schon: Projekt-Management, straffe Durchführungsplanung, Gruppendynamik, Motivations- und Kreativitätstechniken waren hinzugekommen, die »Tool Box« war damit insgesamt etwas umfassender und damit gleichzeitig noch wirkungsvoller geworden.

Die ersten Erfolge mit diesem neuen GWA-Konzept lösten auch hier wiederum eine Art »Kettenreaktion« aus. Vor allem einige Berater setzten verstärkt auf dieses Pferd – man konnte praktisch nur gewinnen.

Klagen über die Folgen eines zu unvorsichtigen Vorgehens (verbunden mit »Kleinholz« bzw. »Glasbruch«) bei dieser Methode waren und sind insgesamt gesehen vergleichsweise selten geblieben, wenn auch in der Presse anfangs gern mit Vorliebe solche Negativ-Beispiele zitiert wurden.

Der methodische Ansatz der GWA unterschied sich von der Work Simplifikation (WS) in einem Punkt aber ganz gewaltig:

Hier waren es zunächst wieder die »erfahrenen Methodiker« und »Moderatoren«, die Vorgehensweise und Durchsteuerungspraxis aus dem »ff« beherrschten; die »do-it-yourself«-Praktiker der WS dagegen wurden zu »Zulieferanten« und »Wasserträgern«.

Doch auch das GWA-Handwerkszeug war im Grunde genommen leicht erlernbar, die Weitergabe des Gedankenguts – trotz einer Art »Lizenzprinzip« - kaum zu verhindern.

Die Schwerpunkte hatten sich ebenfalls leicht verlagert: *das Aufbrechen von Funktionen, Arbeitsabläufen und Kostenstrukturen* stand nun ganz eindeutig im Vordergrund.

Vor allem der Controller sah – und sieht – hierin ein gutes Hilfsmittel, mit Hilfe dieses Ansatzes wirklich stärker in die Tiefe zu steigen.

Selbst dem Eingeweihten fällt es heute schwer zu sagen, wo die WS – Work Simplification – aufhört und wo die GWA beginnt. Doch spielt das eine Rolle? Geht es nicht in der Praxis letztlich allein darum, leicht erlernbare und einfach handhabbare Methoden und Hilfsmittel einzusetzen, die es erlauben,

> *Funktionen,*
> > *Abläufe und*
> > > *Kostenstrukturen*

auf Brauchbarkeit, Sinn und Zweck abzuklopfen, zu analysieren und notfalls aus eigener Kraft zu verbessern? Das haben beide Methoden gemeinsam!

Inzwischen ist auch in deutschen Unternehmen eine völlig neue »Welle« ins Rollen gekommen. Angestoßen durch die schon lang anhaltende Krisensituation und den immer härter werdenden Wettbewerb, hielten Unternehmen Ausschau nach praktikablen Methoden, mit denen man sich »schlanker«, d.h. in erster Linie eigentlich »noch effektiver und noch effizienter« machen könne. Neben z.T. »hausbackenen« Methoden, die z.T. vor dem Rückgriff auf die längst verpönte »Rasenmäher«-Methode nicht zurückschreckten, waren plötzlich »GPO« und »BPR« die Schlagworte, die baldige Rettung versprachen.

Die »GPO« (= *Geschäfts-Prozeß-Optimierung*) als (europäische) Variante der anglo-amerikanischen »BPR« (= *Business Process Reengineering*) wird in dem »kleinen Begriffslexikon« (Abschnitt 9) – vielleicht sogar etwas über Gebühr lang – beschrieben. Grundsätzlich kann man hier an dieser Stelle sagen: Auch sie baut im Prinzip auf ihren Vorläufern auf, verzichtet aber mehr als alle bisher geschilderten Ansätze weitgehend auf Formalismus (und damit auch Formulare) und spielt sich zudem meist bis auf Vorstands-

und Geschäftsleitungsebene, wo es eben viel um Ziele und Strategien geht, ab.

Trotzdem und gerade deswegen sollten Sie als Controller diese Methodik ebenfalls kennen. (Mit dem »Kosten-Controlling« i.e.S. hat sie aber nur noch wenig zu tun – es sei denn, Sie sind schon lange auf der Suche, gerade Ihre Hauptprozesse in Zukunft besser zu controllen.)

Zurück zu WS und GWA:

Trotz sichtbarer Erfolge der Unternehmen, ihre Gemeinkosten besser als früher in den Griff zu bekommen – seit Anfang der 80er Jahre zeichnete sich zumindest im Maschinenbau ein »Stillstand« ab. Nach wie vor liegt hier im Einzelfall sicher noch ein breites Feld zu »beackern«.

Dazu sollen die folgenden Anregungen und Empfehlungen einiges beitragen.

Vor allem der Controller aber sollte Werkzeug für Werkzeug prüfen, ob es für seine Aufgabenstellung geeignet und natürlich auch »genügend scharf geschliffen« ist. Brechstangen sind wohl nur manchmal vonnöten, Gefühl (»Feeling«) hilft dabei sicher oft viel besser weiter. Auch davon soll gelegentlich die Rede sein.

Aber *nicht nur »handfeste« Abläufe* sollten dabei unter die Lupe genommen werden, sondern auch solche ausgesprochenen *»soft facts«* wie z.B. Information und Kommunikation im Unternehmen. Typische Fragen in diesem Zusammenhang wären z.B.:

- Wie lange braucht bei uns eine Information vom Sender zum Empfänger?
- Was ist eine Information diesem Empfänger wert?
- Läßt sich der Informationswert steigern, die Durchlaufzeit beschleunigen?
- Welches »Medium«, welches »K-Gerät«, eignet sich zur Übermittlung am besten?
- Wäre sogar der Aufbau eines Netzes angebracht?

An solchen Fragestellungen wird in Zukunft weder die Unternehmensleitung noch der Controller vorbeikommen. (Stichwort: »Informations-Technologie-Konzept«, »Informations-Management«).

Er/sie sollte sich deshalb mit Hilfsmitteln vertraut machen, wie sie z.B. die Firma Siemens mit »KIWA«*) oder A.D. Little mit »IWAN« als pragmatische Werkzeuge vorgelegt haben.

Die Arbeitsvereinfachung selbst als »Do it Yourself-Denkzeugkasten« paßt nach wie vor sehr gut selbst in das neuzeitliche Konzept der Centerverantwortlichkeit für Bereichsprodukte; also in die eigenverantwortliche Selbststeuerung. Betreibt man »*bench marking*«, so muß auch eine *teambrauchbare Methode* da sein, um der gewählten »bench« nacheifern zu können.

Die Entwicklung auf diesem Gebiet ist – getreu der anfangs zitierten Aussage von Heraklit – also sicher auch heute noch nicht zu Ende, sondern fließt weiter.

---

*) vgl. Stichwort in Kapitel (9) sowie Anlage 3.

Kurzer Rückblick:
»Wie hat alles angefangen?
Was ist davon auch heute noch brauchbar?«

1903 schreibt F.W. Taylor sein »Shop Management«, 1911 seine »Principles of Scientific Management«, noch im Ersten Weltkrieg erscheint in deutscher Sprache »Das ABC der wissenschaftlichen Betriebsführung« von F.B. Gilbreth, die Welle der Rationalisierung und Modernisierung in den Betrieben rollt.

Michel, Refa und Bedaux greifen anfangs der 20er Jahre diese Entwicklung auf und sorgen für eine rasche Verbreitung des Gedankenguts.

Ende der 20er Jahre finden die berühmt gewordenen Hawthorne-Experimente statt, die Arbeitspsychologie kommt ergänzend hinzu.

Aufgrund dessen macht man sich bereits 1927 in den USA Gedanken, die Mitarbeiter als wirkliche *»Mitarbeiter«* in die gemeinsamen Bemühungen einzubinden – der Gedanke der »Participational Work Simplification« – also die Arbeitsvereinfachung unter Einbeziehung der Mitarbeiter – ist geboren.

1942 konzipiert Mogensen (»Mogy«) – gefördert aus Mitteln der US-Regierung – ein allseits anwendbares »WS-Programm«, später gründet er im Winterkurort Lake Placid die erste Work Simplification School.

Über die »Besatzungsmächte« kommen nach dem Zweiten Weltkrieg auch deutsche Unternehmen und Behörden mit diesem »Bazillus« in Berührung – alles weitere wurde eigentlich schon gesagt.

Während sich die Zeit- und Arbeitsstudienexperten ein wenig gegen die »ungehemmte Verbreitung« ihres insgesamt als »wissenschaftlich« zu bezeichnenden Expertenwissens wehren (so z.B.

Nadler) – die Wertanalytiker machen das später bei der »GWA« im übrigen genauso –, ist der Begeisterung für derart einfache Methoden kein Einhalt mehr zu gebieten.

Im nachhinein zeigt sich aber, daß für bestimmte Aufgaben – insbesondere, wenn es z.B. um die regelrechte *Neu*-Strukturierung eines ganzen Unternehmens geht – eben wesentlich exaktere und auch »professionellere« Methoden (s.o.) erforderlich sind.

Zum Inhalt und Umfang der WS als »Praktiker-Methode« im einzelnen:

In seiner »Grundausstattung« besteht das »*WS-Methodenpaket*« aus folgenden Bausteinen, Techniken und Formularen:

1. *Aufgabenliste* (vgl. Abschnitt 3),

2. *Tätigkeitenliste* (vgl. Abschnitt 4),
   darauf aufbauend:

3. *Arbeitsverteilungsübersicht* (vgl. Abschnitt 4),
   daneben dann:

4. *Arbeitsablaufbogen* (vgl. Abschnitt 4),
   schließlich, besonders hervorgehoben:

5. das Prinzip der *Arbeitszählung* (vgl. Abschnitt 5)
   und zur Abrundung, weil man ja auch im Werkstattbereich »organisatorische Schnellschüsse« abgeben will:

6. *Mehrfach-* bzw. *Vielfacharbeitsbogen* sowie

7. *Arbeitsplatz-Analyse-Blatt.*

Die ersten 5 werden uns im folgenden weiter beschäftigen, für 6. und 7. trifft aus heutiger Sicht das zu den »exakteren Methoden« Gesagte zu:

Solche Dinge sollte man besser den wirklichen Experten überlassen.

Neben diesen mehr oder weniger formularmäßigen Hilfsmitteln, die in ihrem Grundaufbau noch im einzelnen vorgestellt werden, spielen bei der »klassischen WS*« aber auch noch die folgenden Symbole eine tragende Rolle;

---

*) WS = Work-simplification sorgt Controller-like dafür, daß »man im Bild« ist durch solche Symbole; es also besser vor »Augen« hat. Einsehbarkeit als Vehikel für Verbesserungen – »Simplifications«.

8. *Symbole*

   ○ = Bearbeitung (Operation)
   ⇨ = Transport
   □ = Überprüfung
   D = Verzögerung (Delay)
   ▽ = Lagerung

Im *Arbeitsplatzbogen* reduzieren sich diese Symbole auf drei:

   ○ Bearbeitung
   ⇨ Transport
   D Warten.

Hinzu kommt als Variante des Bearbeitungsvorgangs noch

   ● Halten.

Diese Symbole sind gedacht – statt langer umschreibender Worte –, Abläufe und Zusammenhänge möglichst »stenogrammartig« aufzuzeichnen bzw. zu gliedern. Auch hier hat sich in der betrieblichen Praxis, z.T. bedingt durch den inzwischen gewohnten Umgang mit anderen Verfahren der Ablaufdarstellung (z.B. Flußdiagramm nach DIN 66001 im Rahmen der EDV-Ablaufgestaltung) oder Ablauf-Beschreibungen, Verfahrensanweisungen im Zusammenhang mit dem Regelwerk DIN EN ISO 9000 ff. (»Qualitätsmanagement«) ein gewisser Wandel vollzogen (vgl. hierzu im einzelnen Abschnitt 4). So findet man heute sehr viel häufiger *Buchstaben*-Symbole, die letzten Endes »*noch* sprechender« sind als solche »Geheimzeichen« (vgl. Beispiel eines »Funktionendiagramms« auf Seite 30-35).

Von »bleibendem Wert«, wenn auch durch zusätzliche praktische Erfahrungen z.T. wesentlich erweitert und bereichert, sind hingegen nach wie vor die

9. *Check- (oder Schlüssel-)Fragen.*

Hierzu gleich ein paar typische Beispiele, welche Fragen sich der für seinen Bereich verantwortliche Fachvorgesetzte eigentlich immer wieder selbst stellen sollte:

Arbeitsvereinfachungs-Schlüsselfragen

- Ist meine *Abteilung* (Arbeitsgruppe) insgesamt sinnvoll ausgelastet – oder reichen sich hier »Hektik und Streß«, dort »Zeiten des Untätigseins und Streckens der Arbeit« die Hände?
  (Die *Arbeitsverteilungsübersicht* gibt hierbei eine erste grobe Orientierung.)
  Was tun bei plötzlichem Ausfall von Mitarbeitern?
  Inwieweit läßt sich durch Umsetzung und Neuverteilung rechtzeitig »umdisponieren«?

- Sind unsere Arbeitsabläufe in der derzeitigen Form wohl in Ordnung? Vor allem: Wie lassen sich (unnütze) *Wege* und *Transporte* sowie *Wartezeiten* verringern?
  (In der Fertigung spricht man auch heute noch z.T. von einer Relation: »15 % Bearbeitung/85 % Liegezeiten«. Wie muß das dann wohl im administrativen Bereich erst aussehen?)

- Wie steht es um die *Produktivität/Effizienz* meines Bereichs, meiner Gruppe oder Abteilung?
  Hier sind langfristig sicher irgendwelche »*standards of performance*« dringend nötig. Näheres dazu wird noch ausgesagt.

- Sind schon heute die richtigen Hilfsmittel im Einsatz? Dazu gehört z.B. auch die Frage: Muß es immer gleich die Groß-EDV sein oder tut es ggf. ein Personal Computer? (Die Praxis hat meist die Antwort längst gegeben.) Kommt es auch hier häufig zu ungewollten Ausfall-, Stillstands- und Leerlaufzeiten? (»Kampf einer jeglichen Verschwendung«)

Solche Grundsatzfragen wecken das Kosten-Bewußtsein, regen an, im Notfall »gezielt nachzustoßen«, und geben sicher auch manchen Hinweis, was prinzipiell anders gestaltet und gelöst werden könnte.

Vor allem aber steht bei der Methode der WS

10. *die Motivation**), auch im Sinne von SPRENGER streng genommen: Das »Selbstmotivieren«

im Vordergrund.

---

*) Motivation kommt von lat. movere = bewegen; also ur-alt.

Ursprünglich wurde diese Motivation als »Appell an die Mitarbeiter« bezeichnet.

Die kürzeste Form dieses Appells stammt von dem bereits erwähnten Mogensen:

»Bei der ›Arbeitsvereinfachung‹ geht es darum, die Arbeit
einfacher,
> *besser,*
>> *schneller*
>>> *billiger*

zu bewältigen, aber ohne daß die Qualität des Produktes darunter leidet oder sich die Unfallgefahr erhöht.«

Bezogen auf alle administrativen Bereiche eines Unternehmens darf man sicher – wie heute allgemein üblich – das Wort »Produkt« durch »*Leistung*« ersetzen – und »Unfallgefahr« kennen wir alle ja auch im übertragenen Sinne, nämlich »wenn etwas in die Hose geht«.

Über die Wichtigkeit, dem Mitarbeiter hierbei entsprechende Einflußmöglichkeit auf das Geschehen einzuräumen, braucht man an dieser Stelle sicher nichts mehr zu sagen.

Vielleicht aber doch noch eine Anmerkung zur heute viel ins Feld geführten »*Akzeptanz*-Problematik«:

Wie insbesondere Erfahrungen im Rahmen von GWA-Aktivitäten gezeigt haben, sind *Mitarbeiter eher bereit, organisatorische Lösungen zu akzeptieren und sich mit ihnen zu identifizieren, wenn sie an ihrer Entstehung selbst mitgewirkt haben. Stichwort: »Betroffene zu Beteiligten machen!«* (Typisches Beispiel aus dem Controlling-Bereich: Die »Zielfindungs- oder auch Knetphase« bei der Erstellung von Soll-Vorgaben.)

Diese Erkenntnis nicht zu nutzen, wäre in jedem Falle fahrlässig, wenn nicht gar »tödlich« für jedes gemeinsame Vorhaben.

Nun aber zu den einzelnen *Formularen**) und *Hilfsmitteln*, wie sie ursprünglich aussahen und wie sie sich z.T. weiterentwickelt haben.

---

*) Blanko-Formulare – verständlicherweise in sehr allgemein gehaltener Form – sind in Abschnitt 10 für Sie zusammengestellt. Sie müssen natürlich immer auf den jeweiligen Anwendungsfall zugeschnitten werden.

»Aufgaben- und Funktionsgliederungen
– treten heute etwas in den Hintergrund,
sind aber für die Analyse trotzdem wichtig!«

Will man, was wir uns ja zum Ziel gesetzt haben, die einzelnen Aktivitäten eines Bereichs/einer Abteilung/einer Arbeitsgruppe – letzten Endes natürlich irgendwie auch die darin erbrachte *Leistung* – kritisch unter die Lupe nehmen, so sollte man, schon um sich nicht von vornherein zu verzetteln, mit einer relativ groben, *»blockartigen«* Beschreibung des Gesamtaufgabengebiets beginnen und erst anschließend – nach dem Motto »vom Gröberen zum Feineren« – weiter in die Tiefe steigen.

Diese oberste Ebene der Betrachtung wird von den berufsmäßigen Organisatoren *Aufgaben-* oder auch *Funktionsgliederung* genannt.

Über angemessene Tiefe und Feinheitsgrad kann man natürlich sofort zu streiten beginnen. Am besten fragt man jeweils den Abteilungs- oder Bereichsverantwortlichen, was in seiner Gruppe gemacht wird. Dann sprudelt's meistens los und man muß lediglich dafür sorgen, daß der rote Faden nicht verlorengeht. Heute zieht man gerne die Befragung der einzelnen Beteiligten vor.

Grundsätzlich kann man aber feststellen, daß im allgemeinen 5 bis maximal 10 Stichworte völlig genügen, um die Hausaufgaben eines Bereiches oder erst recht einer ausschnittweise betrachteten kleineren Organisationseinheit grob zu umreißen.

Gleiche Erfahrungen wurden immer wieder gemacht, wenn es darum ging, im Zusammenhang mit den (im allgemein bereichsübergreifenden) QM-Elementen der ISO 9000 die Standardabläufe in Form von sog. »Verfahrensanweisungen« zu Papier zu bringen (Flip-Chart ist hierbei ideal).

Hierzu einige Beispiele:

(1) Die Aufgaben einer *Fertigungskostenstelle* könnten beispielsweise lauten (mit Tätigkeitshinweisen weiter untergliedert):

1.1. *Planungsaufgaben*
   - Personaleinsatzplanung,
   - Kapazitätsauslastung,
   - Qualitätssicherung im Vorfeld (z.b. Qualitätsplanung, Selbstkontrolleureinsatz),
   - Investitionsvorhaben (z.b. Ersatz- und Erweiterungsinvestitionen, Einführung neuer Fertigungs- und Montage-Verfahren
   - Kostensenkung usw.

1.2. *eigentliche Fertigungsaufgaben*
   - Drehen,
   - Bohren,
   - Fräsen,
   - Schleifen,
   - Verzahnen,
   - Lasern,
   - Hilfsfunktionen (wie z.B. Putzen und Entgraten),
   - Montage,
   - Elektrik und Elektronik usw.

1.3. *allgemein organisatorische Aufgaben*
   - kurzfristige Personaldisposition,
   - Maschinenbelegung im Einzelfall (»PPS zu Fuß«),
   - Überwachung fertigungsunterstützender Funktionen (Materialversorgung, Transporte, »Entsorgung«),
   - Erhaltung der Einsatzbereitschaft der Maschinen (Wartung, Reinigung, Instandhaltung) usw.

1.4. *rein administrative Aufgaben*
   - Kontrolle der Anwesenheit der Mitarbeiter/Zeitguthaben-Steuerung,
   - Krankheits- und Urlaubsmeldungen,
   - Abteilungs- und Motivationsgespräche,
   - Unterstützung der Ausbildungsabteilung,

- Abteilungsstatistiken über Ausschuß, Nacharbeit, Unfälle usw.,
- sonstiger »Papierkram«.

1.5. *Verschiedenes*
- Unfallschutz, Unfallverhütung,
- Sanitätsdienste, Werksfeuerwehr,
- Betriebsrat u.ä.

Diese Auflistung erhebt keinen Anspruch auf Vollständigkeit, sondern soll eine mögliche Grundstruktur wiedergeben.

(2) Für einen Lagerbereich sind die entsprechenden Aufgaben gleich in das entsprechende Formular »Aufgabenliste« (vgl. übernächste Seite) eingetragen.

Letzten Endes kommen hier zusammengefaßt eigentlich nur 3 große Aufgabenblöcke in Frage:

2.1. Eigentliche Lageraufgaben,

2.2. Dispositions- und Verwaltungsaufgaben sowie

2.3. sonstige Aufgaben.

(Zu den eingesetzten Zeitanteilen vgl. im einzelnen Kapitel 5.)

(3) Aus dem *Verwaltungsbereich*, den wir insgesamt sicher am schärfsten ausleuchten wollen, sind im folgenden einmal die *Aufgaben des »Finanz- und Rechnungswesens«* einer mittleren Maschinenfabrik – bewußt nicht weiter aggregiert – aufgelistet:
- Liquiditäts- und Finanzplanung,
- Investitionsplanung,
- Budgetierung,
- Bilanz und Erfolgsrechnung,
- Fakturierung,
- Kreditoren/Debitoren,
- Rechnungsprüfung,
- Vorkalkulation,
- Nachkalkulation/Ergebnisrechnung,
- Kassenführung,
- Kreditgewährung/Kreditaufnahme,
- Gemeinkosten-Controlling,

- Gewährung von Vorschüssen,
- Erstellung von Statistiken.

Auch hier ließe sich sicher jedes Stichwort nach einzelnen *Tätigkeiten*, die für die Gesamtbetrachtung im einzelnen aber nicht mehr wichtig sind (weil sonst zu »klein/klein«), weiter untergliedern. (Zur Tätigkeitenliste selbst vgl. Kapitel 4.)

Zum Hilfsformular *»Aufgabenliste«* noch ein paar erläuternde Hinweise:

- Bestehende Methode (IST)/vorgeschlagene Methode (SOLL) zum Ankreuzen links oben im Kopfteil;
- Beschreibung der Aufgaben bitte nicht weitschweifig und kommentierend, sondern möglichst »auf einen Blick«. Um das sicherzustellen, wählt man in der Praxis gerne den Weg, einen verbindlichen »Aufgaben- und Tätigkeitenkatalog« vorzugeben, der nur bei wirklichem Bedarf ergänzt werden sollte.*)
- Zeitvorgabe zum Ausfüllen von vornherein möglichst knapp halten (maximal eine Woche);
- Zeit*schätzung* nach diesen groben Blöcken jeweils in der rechten Hälfte des Formulars.

Die Aufgabenblöcke mit den jeweiligen Zeitanteilen schlagen sich später nieder in der sog. *»Arbeitsverteilungsübersicht«* (Kapitel 4). Vorher benötigt man aber noch die in diesem Kapitel ebenfalls angesprochenen *»Tätigkeitenlisten«*.

Funktionsgliederungen kann man aber auch noch in anderer Hinsicht nutzen. Hierzu 2 weitere Beispiele der Darstellung:

(1) **Funktionendiagramm:**
   Stellen Sie sich vor, daß Sie sich bereichsübergreifend einen Einblick in das Thema *»Anfrage- und Angebotsbearbeitung«* oder vielleicht sogar *»Auftragsabwicklung«* verschaffen müssen.

---

*) Vgl. dazu sehr ausführliches Beispiel in *Anlage 1*.

Gesetzt den Fall, es stünden Stellenbeschreibungen für die wichtigsten daran beteiligten Stellen zur Verfügung, würde Ihnen das ausreichen?

Wohl kaum, denn was Sie sich aus solchen Stellenbeschreibungen sehr mühsam herausziehen müßten, wäre die Antwort auf die Frage, *in welcher Form* eine einzelne Person, eine Stelle, eine Abteilung, ein Hauptfunktionsbereich an der Erfüllung einer bestimmten Aufgabe (Funktion) *mitwirkt.*

Tut sie/er das z.B. *beratend*, ist sie/er verpflichtet, *Initiative* zu zeigen, *redet* sie/er »nur« mit, muß sie/er *gefragt* werden – oder ist sie/er diejenige/derjenige, an der/dem wirklich *alles hängt.*

Aufgabenliste

Abteilung: Hauptlager = 6 Personen		Arbeitsgruppe: Materialläger		
Bestehende Methode X Datum 17.12. Vorgeschlagene Methode		aufgestellt durch: Müller, Hans	überprüft durch: Abt. Leiter	
Lfd. Nr.	1* Beschreibung der Abteilungsaufgaben	2* Std. je Wo.	3*	Bemerkungen
1	Materialeingang	15,7%	40	*eigentliche Lageraufgaben*
2	Materialausgang	20,9%	53½	*152½ Std.*
3	Lagerhaltung und Materialpflege	23,2%	59	*= 59,8 %*
4	Karteiwesen	12,2%	31	*Dispositions- und Verwaltungsaufgaben*
5	Verwaltungsaufgaben	9,4 %	24	*55 Std. = 21,6 %*
6	Rücksprachen	13,9%	35½	*Sonstige Aufgaben, nicht eindeutig zurechenbar*
7	Verschiedenes	4,7%	12	*47½ Std. = 18,6 %*
	Gesamtstunden der Abteilung: *100 %*	255		

1) geordnet nach Dringlichkeit
2) aus Tätigkeitslisten

Kaum in aller Kürze darzustellen? Doch:

Auch hier haben sich clevere Organisatoren ein einfaches Hilfsmittel geschaffen, das sich inzwischen – nicht zuletzt auch im
Zusammenhang mit Aktivitäten in Richtung ISO 9000 ff. –
stark durchgesetzt hat und gerade in kleineren Unternehmen
häufig zu finden ist: Das

Funktionendiagramm (abgekürzt »FuDia«).

In der Vorspalte eines solchen finden Sie die bekannten Hauptaufgaben, weiter untergliedert in Teil- und Unteraufgaben, in
der Kopfzeile die beteiligten Organisationseinheiten, in den
Spalten die folgenden Symbole:

E = Entscheidung,

F = Federführung,

M = Mitwirkung/Mitverantwortung,

B = Beratung und

A = Ausführung,

wobei es sich gerade in diesem Zusammenhang als sehr zweckmäßig erwiesen hat, auch die Tatsache, daß eine Stelle/Person
von etwas zu unterrichten ist, mit dem Symbol

U = Unterrichtung notwendig

sichtbar zu machen.

Auf den nächsten Seiten sind zur Veranschaulichung für die vorgenannten Funktionsbereiche »Anfrage-/Angebotsbearbeitung«
und »Auftragsabwicklung« relativ ausführliche Funktionszusam-
menhänge wiedergegeben.

Man kann darüber hinaus das »FuDia« aber auch noch um eine
Spalte »eingesetzte organisatorische *Hilfsmittel*« ergänzen und findet dann leicht die Querverbindung zu den Informationen, die wir
bei Work-Simplification WS und Gemeinkosten-Wertanalyse, ja
selbst beim Ansatz einer Geschäftsprozeß-Optimierung GPO im
einzelnen noch benötigen werden.

Funktionendiagramm – wie man's bauen kann:

Sicher stellen Sie jetzt mit Recht die Frage:

Wie kommt man mit vergleichsweise geringem Aufwand zu
einem solchen Funktionendiagramm?

Man benötigt dazu die folgenden Schritte:

(1) *Allgemeine Information:*
Was ist ein »FuDia« und was will man damit erreichen?
(Erläuterung der Spalten und Symbole, ggf. grobe Funktionsgliederung vorgeben.)

(2) *Selbstaufschreibung* durch die beteiligten Bereiche/Stellen mit Angabe der derzeitigen Ist-Situation (mit dem Ziel anschließender Klärung und Bereinigung).
Vorläufiges Endergebnis: »So sieht's z.Zt. aus.«

(3) Aus der unweigerlich damit verbundenen Diskussions- und Klärungsrunde ergeben sich erfahrungsgemäß sehr brauchbare Anregungen in Richtung:
»Wie sollte es eigentlich sein?«, d.h.
daraus entwickelt sich Zug um Zug das anzustrebende »Soll-Profil« (muß natürlich anschließend verabschiedet werden).

(4) In größeren Abständen schließlich Anpassung an neue Situationen und Konstellationen (»Änderungsdienst«).

Glauben Sie, es gibt kaum ein ähnlich pragmatisches Hilfsmittel, das so zur Transparenz des Ganzen beiträgt.

Auch hier liegt ein erheblicher Vorteil in der gemeinsamen Erarbeitung: Das endgültige Funktionendiagramm wird nicht »von oben verordnet«, sondern »gemeinsam geboren«. Es ist sozusagen »das Kind aller Beteiligten«.

Beispiel *»Lastenverteilung«* von Controlling-Aufgaben im ganzen Haus.

Um zu zeigen, wie man selbst in einem vergleichsweise kleinen Teilbereich eines Unternehmens dieses Instrument zur Abgrenzung von Aufgaben und Kompetenzen verwenden kann, sei das Beispiel der »Lastenverteilung« von Teilaufgaben des *Controlling* in einem kleineren Unternehmen (ohne »hauptamtlichem« Controller) angefügt:

Vgl. hierzu das Funktionen-Diagramm auf Seite 36.

Tätigkeit	Geschäftsleitung	Länderreferat, Ländervertretung	Zentr. Vertrieb, Marketing	Technik, Projektierung, Engineering	Projekt-Manager	Projekt-Kaufmann	Betrieb (einschl. AV)	Montage, Montageleitung	Beschaffung, Materialwirtschaft	Transport-Logistik, Verkehrswesen	Sonst. Stellen	Organisatorische Hilfsmittel
(1) Anfrage-/Angebotsbearbeitung												
1.1 – Ermittlung von **Bedarfsfällen** u. Bedarfsweckung		M	F, A	B	(M)[1]		B	B				
-- Setzen v. Prioritäten			F, A	B								
1.2 – Entscheidung, ob **Bedarfsfall bearbeitet** werden soll												
-- techn. Beurteilung		M	M	F, A		B	B	B				
-- markt- u. verkaufsmäßige Beurteilung (einschl. pol. Risiken)			F, A	M					B			
-- transportmäßige Beurteilung (Realisierbarkeit)		B	U	M				M		A		
-- kostenmäßige Beurteilung (der Projekterstellung)			B	B		A, A						
-- Entscheidung über Angebotsbearbeitung	E		(E)									
1.3 – Anfrage u. Auswahl wesentl. **Zulieferer/Dienstleister**												Anfrage-Bearb.-schein
-- techn. Beurteilung		B	B	F, A					M			
-- markt-, einkaufs- und verkehrsmäßige Beurteilung			M	B					F, A	M		

Verantwortungsmatrix (Fortsetzung)

Tätigkeit								Rechn.-wesen u. Controlling	Finanz-wesen
– Beurteilung über mögliche Zusammenarbeit mit Konsortialpartnern/Subunternehmern	M	F, A	M		B	B	B	F, A	
– kostenmäßige Beurteilung		M	(F, A), M		B	B	B		B
1.4 – Anfrage bei der eigenen Fertigung									
– techn. Beurteilung	M	F, A	M	B	B	B			
– transportmäßige Beurteilung		F, A				B		F/A	
– kostenmäßige Beurteilung	B	(F), M	F, A		B	B	B		
1.5 – Verfolgung des Bedarfsfalles									
– techn. Akquisition u. Verhandlungen	M	M	F, A	M	B			B	
– markt- u. verkaufsmäß. Steuerung u.Verhandl.	B	F, A	B	U	F, A				
– Klärung von Finanzierungsfragen		M		M					Finanz-wesen
– Festlegung v. Prioritäten gegenüber and. Bedarfsfällen		F, A	M	M	B				B
1.6 – Entscheidung über Angebotserstellung E		(E)	M	M	B				

E = Entscheidung
F = Federführung
M = Mitwirkung / Mitverantwortung
B = Beratung
A = Ausführung
U = Unterrichtung (d. h. Stelle ist zu unterrichten)

1) Soweit zu diesem Zeitpunkt bereits vorhanden, ggf. „Bereichsleiter Projekte"

31

Tätigkeit	Geschäftsleitung	Länderreferat, Ländervertretung	Zentr. Vertrieb, Marketing	Technik, Projektierung, Engineering	Projekt-Manager	Projekt-Kaufmann	Betrieb (einschl. AV)	Montage, Montageleitung	Beschaffung, Materialwirtschaft	Transport-Logistik, Verkehrswesen	Sonst. Stellen	Organisatorische Hilfsmittel
④ **Abwicklung von Aufträgen**												
4.1 – Abwicklungsvoraussetzungen schaffen												
-- Herbeiführen der endgültigen Vertragsfassung		M	F, A		U	M					Rechtsabt.	
-- Klären d. technischen Voraussetzungen und Randbedingungen		B	M	F, A	U				U	B (M)	B (M)	
-- Sicherung der Finanzierung	(U, E)		F, A			M (F, A)					Finanzwesen	Risikocheckliste
-- Erstellen der Auftragskalkulation	(U)		F, A	M	U	U	M	M	M	M	B Rechnungswesen + Controlling	Kalk. Deckblatt
-- Vorgabe von Kostenlimiten			M	M	U	F	B	B		B	B	
-- Vorgabe von Zeitlimiten			F, A	M	U	U					M, A	
4.2 – Terminliche Verfolgung des Auftrages												
-- techn. Abwicklung			U	M	F, A	U	M	M	M			Termin-Vorpl. Liste

32

Tätigkeit	(Teil-)Netzpläne	Auftrags-fortschritts-Kontrollbogen		Änderungs-mitteilung	
– Materialversorgung	U			U	U	U
– Gesamt-Ablaufplanung u. -nachhaltung	(U) A			U	U
	M, A A			U	U
	U A				
	U A				
4.3 – Ausführung im Engineering u. in der Konstruktion	U U			U	U	U
– Durchführen der Arbeiten im Sinne der Grundkonzeption	F, A F	F, A		U	U	U
– Bearbeitung der techn. Abweichungen vom Projekt	A	F, A	F, A		
– Bearbeitung der techn. Änderungen des Bestellers	U U	U	M		
– Entscheidung über Preisauswirkungen der technischen Änderungen	E	F, A (E)			

Tätigkeit	Geschäftsleitung	Länderreferat, Ländervertretung	Zentr. Vertrieb, Marketing	Technik, Projektierung, Engineering	Projekt-Manager	Projekt-Kaufmann	Betrieb (einschl. AV)	Montage, Montageleitung	Beschaffung, Materialwirtschaft	Transport-Logistik, Verkehrswesen	Sonst. Stellen	Organisatorische Hilfsmittel
4.4 – Anfrage u. Auswahl wesentlicher **Zulieferer u. Einkauf**												
– markt- und einkaufsmäßige Beurteilung			M		U	U			F, A	B		
– Herausgabe von Anfragen				U	U	U			F, A			
– techn. Beurteilung, techn. Verfolgung, techn. Abstimmung				F, A	U				M			
– preisliche Beurteilung			U		U	U			F, A		Rechtsabteilung	
– kaufm. Verfolgung			M		U	M			F, A			
– Schaffen von Regeln der Zusammenarbeit mit Zulieferanten, Konsortialpartnern u.a.			F, A	M	U	U			(F, A)	M	B	
4.5 – Beurteilung der **Verkehrsdienstleister** u. Vergabe					U	U				F, A		
4.6 – **Vergabe an Betrieb, Montage, Dienstleistungsabteilungen usw.**												
– Abstimmung der Einplanung			M	F, A	M		M	M	M			
– Terminbesprechung u. -festlegung			M	F, A	M		M	M	M	M		
– Verlagerg. an Externe				F, A	M		M	M	M	M		
– Zuteilung d. Konstruktions- u. Arbeitsunterl.			M	F, A	M							

Permanente Projektverfolgung – Verantwortungsmatrix

Tätigkeit	Rechn.-wesen + Controlling	Änd. mitteilung			Mitlaufende Kalkulation	Standardgliederung Proj.-Bericht / Kontrollinstanz (GL)		F, A (E)
– Verfolgung und Abstimmung dieser Aufträge	F	A	A	A	U	F, A	A	U
4.7 – Permanente Projektverfolgung								
– Erkennen u. Melden v. Umdispositionen, Kostenmehrungen u. -minderungen		A	A	A	U	U	A	A
– ggf. Änderungskalkulation		A	M	M	M	M (A)	M	M
– Bereichsweise Kostenüberwachung	A	M	M	M	M	M	M	M
– Kostenbesprechung m. beteiligten Abteilungen/Bereichen/Betrieb	F	M	M	M	M	M	M	M
– Erstellung der mitlaufenden Kalkulation (U)	A	U	U	U	U	U	U	U
– Erstellen des Projekt-Berichts U		M	M	M	M	M	M	U
○ Stand der Arbeiten								
○ Lfd. Änderungen								
○ Termine, Kosten Finanzen								
○ Dokumentation								
– Analyse der Abweichungen und zu treffende Maßnahmen	M	M	M	M	M	M	M	M

Beispiel: „Lastenverteilung" von Teilaufgaben des Controlling in einem KMB:

Controlling-aufgaben \ Stellen	Geschäfts-leitung	Verkaufsleiter	Leiter Entwicklung	Produktions-leiter	Leiter der Beschaffung	Leiter Rech-nungswesen (Controlling)	EDV-Leiter Informations-Manager
Strategische Planung	K	M	M	M	M	M (K)	M
Taktische Planung	M (K)	K	M	M	M		M
Operative Planung	M	M		K	M	(K)	
Budgetierung	M	M				K	M
Kosten- und Leistungsrechnung	M			M		K	
Kurzfristige Erfolgs-rechnung	M	M				K	
Investitions-rechnungen	M (K)		M	M	M	K	
Berichtswesen	M					K	M
EDV-Einsatz Informations-Technologie	M					M	K

Erläuterungen: K = Kompetenz, M = Mitsprache

nach Horvath, P.: Controlling im Klein- und Mittelbetrieb, RKW-Querschnittsbericht, Eschborn 1980.

Es gibt aber daneben noch einen weiteren, vom Namen her ähnlichen Ansatz:

(2) **Funktionsbeschreibung***

Hier geht es im wesentlichen darum, neben Tätigkeiten und Kompetenzen auch Grundzüge des betrieblichen Ablaufs darzustellen. (Insofern könnte man die Funktionsbeschreibung als solche ohne weiteres auch dem folgenden Abschnitt 4 zuordnen.)

Auf den nächsten Seiten ist das »historische« Beispiel einer Funktionsbeschreibung für die Bereiche Verkauf, Kalkulation, Schreibbüro (»wo gibt's die heute noch?«), Produktionsvorbereitung und Rechnungswesen im Zusammenhang mit dem Entstehen und Überwachen einer Kalkulation dargestellt. Angrenzende Schnittstellen zu anderen Bereichen sind angedeutet.

Die Abbildung »Funktionsbeschreibung« ist auf den folgenden 4 Seiten im System »Four Windows« dargestellt.

Auf einen Blick läßt sich sofort erkennen, wer in welchem Zusammenhang bei der Erledigung der jeweiligen Aufgabe angesprochen ist und wie sich Teilschritt an Teilschritt reiht. (Für das »one page only«-Prinzip wären Seiten 38-41 zu kopieren und zum Tableau zu montieren.)

Man kann auch sagen: Funktionsbeschreibung, Tätigkeitsbeschreibung, Stellenbeschreibung und grobe Ablaufbeschreibung finden sich auf ein und demselben Formular.

Bei erforderlich werdenden organisatorischen Veränderungen lassen sich Abläufe, Tätigkeiten und auch Zuständigkeiten leicht »anpassen«, d.h. »*schneller Änderungsdienst*« ist somit gewährleistet.

Die Grenzen des Verfahrens dürften dort liegen, wo umfangreiche Abläufe mit zahlreichen Verzweigungen darzustellen sind.

Doch darüber mehr im nächsten Abschnitt.

---

* Vorschlag von Billmeier, erstmals veröffentlicht im Controller-Magazin, vgl. Literaturhinweis.

Funktionsbeschreibung

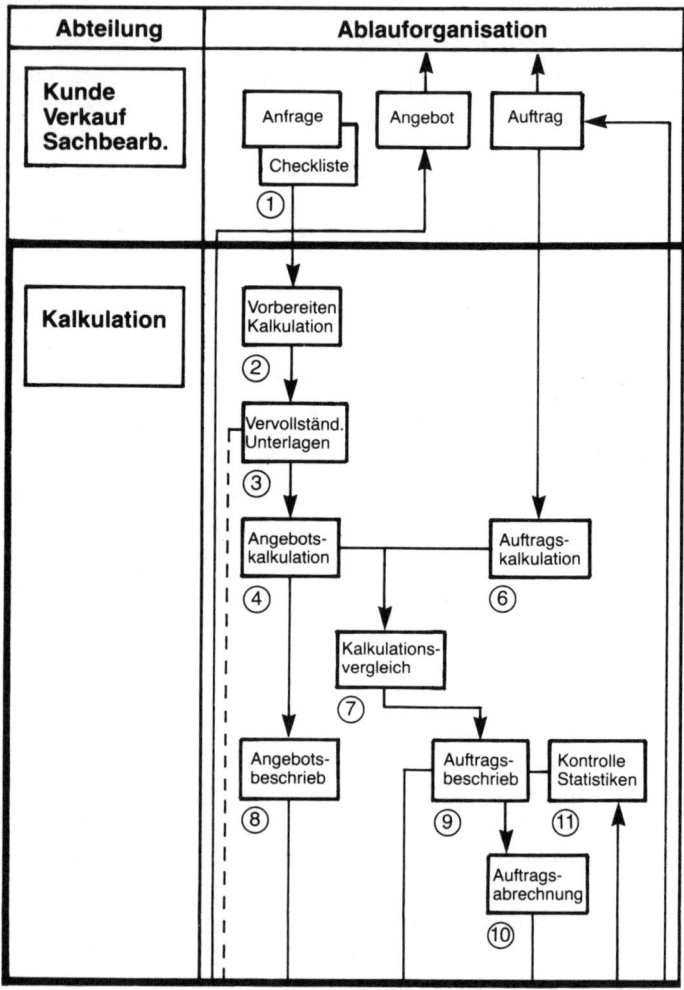

Abteilung	Ablauforganisation

**Kunde
Verkauf
Sachbearb.**

Anfrage
Checkliste
①

Angebot

Auftrag

Kalkulation

Vorbereiten
Kalkulation
②

Vervollständ.
Unterlagen
③

Angebots-
kalkulation
④

Auftrags-
kalkulation
⑥

Kalkulations-
vergleich
⑦

Angebots-
beschrieb
⑧

Auftrags-
beschrieb
⑨

Kontrolle
Statistiken
⑪

Auftrags-
abrechnung
⑩

linkes oberes »Fenster« des Gesamt-Tableaus

Tätigkeiten	Funktion Kompetenz
① Auftrag, Anfrage durch Kunden, Verkauf, SB direkt oder indirekt, persönlich, schriftlich, telefonisch. Erstellen der Checkliste so, daß Kalkulationsgrundlagen vorhanden sind	
② Prüfen der angelieferten Unterlagen. Festlegen der wirtschaftlichsten Fertigung	
③ Beschaffung, Auswerten von Auftragsmustern, Entwürfen von Verkauf, SB Rechtzeitige technische Abklärung bei Sonderaufträgen	Die Preisfindung für Aufträge bis 5000,– DM erfolgt innerhalb des festgesetzten Preisgefüges durch die Kalkulation
④ Ermitteln von Mengen, Zeiten, Kosten nach festgelegten Leistungsgrundlagen und Stundensätzen	
⑤ Erstellen des Angebotsbeschriebes, weiterleiten an Schreibbüro	
⑥ Gegenüberstellung der Auftragsunterlagen mit der Angebotskalkulation. Berechnen von Mehr- und Minderkosten, neue Kalkulation für Zeitvorgaben der Terminsteuerung	
⑦ Vergleich Angebot, Auftrag, Variantenvergleich	Die Preisfindung für größere Aufträge erfolgt durch den Verkaufsleiter
⑧ ⑨ Erstellen des Auftragbeschriebes, weiterleiten an Schreibbüro, Kontrolle	
⑩ Abrechnen von angebotenen, bestätigten und noch nicht berechneten Aufträgen. Ergänzung des Fakturabeschriebes und Kontrolle der Rechnungen	
⑪ Vergleich SOLL/IST-Kosten und der Leistungen Führen von Statistiken, Abklären von Differenzen	

rechtes oberes »Fenster« des Gesamt-Tableaus

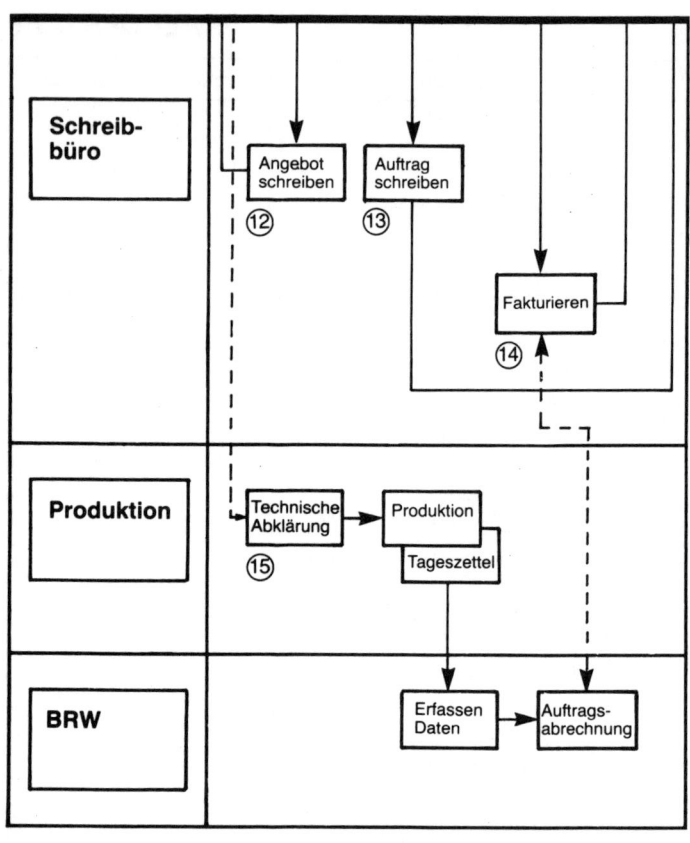

linkes unteres »Fenster« des Gesamt-Tableaus

⑫ Erstellen des Angebotes aufgrund der Angebotskalkulation, weiterleiten an SB bzw. Verkauf zur Unterschrift	
⑬ Erstellen der Auftragsbestätigung aufgrund des Auftragbeschriebes, weiterleiten an SB bzw. Verkauf zur Unterschrift	
⑭ Erstellen der Rechnungen weiterleiten an Kalkulation zur Kontrolle	
⑮ Technische Abklärung bei Sonderaufträgen	

rechtes unteres »Fenster« des Gesamt-Tableaus

Zunächst nochmals, wie in der Überschrift angekündigt, an dieser Stelle *eine persönliche Beobachtung des Verfassers:*

In den rund 40 Jahren meiner beruflichen Aktivitäten gab es immer wieder mal Tendenzen, die Beschäftigung mit diesen »Grund-Bausteinen« des Organisationsgeschehens – zumindest vorübergehend – zu vernachlässigen. Hauptbegründung: »Damit können wir uns jetzt nicht aufhalten. Was wir brauchen, ist der schnelle große Wurf, das Ideal-Konzept, um nicht zu sagen die Vision. Hierbei sind solche Kleinigkeiten hinderlich.« Das heißt, man sprang mit großer Begeisterung direkt in das erstrebenswerte »Soll«.

Ergebnis vielfach: Daneben gesprungen – und sei es nur, was Fragen der späteren Akzeptanz anging. So kehrte man alsbald reumütig zum »traditionellen« Verfahren zurück, d.h. vom »Ist« und gleichzeitig »von der Basis her« (also bottom up) zum späteren »Soll« zu gelangen. Sich völlig vom »Ist« zu lösen und ein »fantastisches« Soll zu kreieren, muß man schon ein »begnadeter Künstler« sein, aber wer ist das schon?

Deshalb diese Warnung und gleichzeitig Empfehlung: Auch bei Bemühungen, die ISO 9000 ff. für das eigene Haus umzusetzen, waren die Anläufe häufiger von Erfolg gekrönt, bei denen man schon einen gewissen, allerdings auch immer wirtschaftlich vertretbareren »Tiefgang« hinsichtlich Aufgaben und Funktionen anstrebte. Fazit: »Instrumente sind mit Sicherheit nicht alles, aber ganz ohne Instrumente geht es halt meistens nicht.« Sicher auch eine oft erlebte Erfahrung gerade des Controllers!

»Tätigkeits- und Ablaufanalysen
– auch zur konsequenten Verbesserung der Geschäftsprozesse.«

Steigen wir in diesem Punkt weiter in die Tiefe, so kann man sagen: *Tätigkeiten* sind, logisch gesehen, die »nächstkleineren Einheiten« beim weiteren Zerlegen der vorerwähnten Aufgabenblöcke. Am besten lassen sie sich mit Hilfe von T ä t i g k e i t s w ö r t e r n beschreiben. Sie können auch ggf. als »Input« für Stellenbeschreibungen verwendet werden.

Zum einheitlichen Formulieren (und leichteren Abgrenzen) von Tätigkeiten werden in der Praxis gerne sog. *»Tätigkeitenkataloge«* vorgegeben. Ein mittlerweile auch schon »einige Jährchen auf dem Buckel tragendes« Praxis-Beispiel soll hier als Anregung dienen, für den individuellen Einzelfall brauchbare und anschauliche Begriffe festzulegen:

ablegen/abspeichern	(welche Schriftstücke/Dokumente?)
abrechnen	(was, worauf?)
abwickeln	(welche Arbeiten?)
analysieren	(welche Tatbestände, Ergebnisse, Abläufe?)
anfertigen	(was?)
annehmen	(was, von wem?)
anpassen	(was, woran?)
anweisen	(welche Zahlungen?)
assistieren	(wem, wobei?)
aufmessen	(welche Anlagen, Tatbestände?)
aufstellen	(welche Pläne?)
ausführen	(welche Arbeiten?)
ausgeben	(was, an wen?)

ausstellen	(was, welche Formulare?)
auswerten	(in welcher Hinsicht?)
bedienen	(welche Geräte, Kunden?)
begutachten	(auf was hin?)
benachrichtigen	(wen?)
beraten	(wen?)
berechnen	(was, für wen?)
bereitstellen	(was, für wen?)
berichterstatten	(worüber, an wen?)
berichtigen	(was, in welcher Hinsicht?)
beschaffen	(welche Materialien, Information?)
beurteilen	(was, in welcher Hinsicht?)
bewerten	(was, nach welchem Verfahren?)
buchen	(welche Daten?)
darstellen	(was, wie?)
demontieren	(welche Anlagenteile?)
durchführen	(welche Maßnahmen?)
einkaufen	(welche Materialien, Dienstleistungen?)
einrichten	(was, in welcher Weise?)
einspeichern	(welche Daten, wo hinein?)
eintragen	(welche Daten, wo hinein?)
einsetzen	(welches Personal, Kapital? wofür?)
einweisen	(wen, worin?)
entscheiden	(was, worüber, in welchen Fällen?)
entwerfen	(welche Pläne, Modelle, Gedanken?)
entwickeln	(was, zu welchem Zweck?)
erarbeiten	(was, zu welchem Zweck?)
ermitteln	(welche Tatbestände?)
erstellen	(welche Unterlagen, welche Dokumente?)
festlegen	(was?)
führen	(z.B. Verhandlungen, Besprechungen)
genehmigen	(was?)
herstellen	(was?)

informieren	(wen, über was?)
instandsetzen	(welche Geräte, Maschinen?)
interviewen	(wen?)
justieren	(welche Geräte?)
kalkulieren	(welche Preise?)
klären	(was, wie, mit wem?)
kommentieren	(welche Ergebnisse, Schriften?)
kommunizieren	(mit wem?)
konsultieren	(wen?)
kontrollieren (prüfen)	(was, in welcher Hinsicht?)
konzipieren	(was, wie?)
korrigieren	(was, in welcher Hinsicht?)
melden	(was, an wen?)
montieren	(welche Anlagenteile?)
numerieren	(was, wie?)
pflegen	(welche Geräte, Einrichtungsgegenstände, Kontakte?)
planen	(was, mit welchem Ziel?)
präsentieren	(wem, was?)
projektieren	(welche Geräte, Einrichtungsgegenstände, Kontakte?)
protokollieren	(was?)
prüfen	(was, warum?)
reinigen	(welche Geräte, Maschinen, Räume?)
sammeln	(welche Informationen, Belege?)
sortieren	(welche Belege?)
stempeln	(was, weshalb?)
überprüfen	(in welcher Hinsicht?)
übertragen	(was, wohin?)
überwachen	(welche Anlagen und Projekte, in welcher Hinsicht, warum?)

unterrichten	(wen?)
untersuchen	(welche Tatbestände?)
verhandeln	(mit wem, über was?)
verkaufen	(was, an wen?)
verfolgen	(welche Arbeitsabläufe, in welcher Hinsicht?)
verteilen	(was, an wen?)
vorbereiten	(was, für wen, wofür?)
vorschlagen	(wem, was?)
vortragen	(wem, zu welchem Zweck?)
warten	(welche Geräte, Maschinen?)
zeichnen	(was, auf wessen Anweisung?)
zusammenstellen	(welche Unterlagen, Daten?)
zusammentragen	(welche Unterlagen?)

Worte wie *abstimmen, disponieren, koordinieren, mitwirken bei, unterstützen bei, veranlassen* und *zusammenarbeiten mit* sollten in diesem Zusammenhang so wenig wie möglich verwendet werden, weil sie häufig die Entscheidungsbefugnisse nicht klar erkennen lassen.

Zur Erfassung der Tätigkeiten, hier i.d.R. pro einzelner Mitarbeiter, bietet sich das Hilfsformular *»Tätigkeitenliste«* an. Bevor dieser jedoch mit den Eintragungen beginnt, sollte man sich – stärker noch als in Kapitel 3 – auf den angestrebten D e t a i l l i e r u n g s - g r a d einigen.

Es kann nämlich z.B. nicht angehen, daß praktisch jeder einzelne Arbeitsvorgang (»Arbeitsgang«, vergleichbar einer Ablaufzerlegung im Fertigungsbereich) oder jeder einzelne Handgriff angesprochen wird. Normalerweise kommt man hier mit 10–20 Tätigkeiten pro Mitarbeiter aus.

Dies hat sich auch immer wieder bei der Erstellung der bereits mehrfach genannten QM-Verfahrensanweisungen gezeigt. (Prinzip: »Weniger ist oft mehr!«)

Ein sehr einfaches, aber anschauliches Beispiel – wiederum aus dem Lagerbereich – ist auf der nächsten Seite abgedruckt.

Tätigkeitenliste

Name:	Müller		Abteilung:	Hauptlager	

Vorname: Hans
Arbeitsgruppe: Materiallager

Stellung:	Lagerverwalter		Bestehende Methode	X	Das Zutreffende wird links angekreuzt.
			Vorgeschlagene Methode		

Datum: 10. 12.
auf Vollständigkeit und Richtigkeit geprüft.durch: Abt. Leiter

Lfd. Nr.	Beschreibung der Tätigkeiten	Std. je Wo.	Anzahl	gehört zu folg. Nr. auf Aufgabenliste
1	„Tagesprogramm" für das Personal	1 ½		6
2	Rücksprache mit Gruppe „Werkstoffeinsatz"	3		6
3	Materialprüfungsaufträge schreiben lassen	2	60	5
4	Materialeingänge überwachen	4		5
5	Rücksprachen mit Meistern und Betriebsleitung	3	20	6
6	Rückfragen bei Lieferanten (Eilfälle!)	3 ½	15	6
7	Telefonate mit Einkauf	2		6
8	Reklamationen bei Lieferanten	4		5
9	Lagerortkartei führen	2		4
10	Raumplanung	2		3
11	Rücksprachen mit Konstruktion und AV	5	12	6
12	Lagerüberwachung	8 ½		3
13	Rücksprache mit Karteiführern	3		6
14	Wareneingangsscheine quittieren	1	400	5
15	Fuhrparkeinsatz (Nahverkehr)	1 ½		7
	Summe der Arbeitsstunden:	46		

Beispiel für eine Tätigkeitenliste

Auch an dieser Stelle scheinen einige Hinweise zum Ausfüllen des Formulars angebracht:

- Bestehende/vorgeschlagene Methode vgl. Aufgabenliste;
- laufende Nr. und »cross-reference« zur Aufgabenliste werden im Zuge der weiteren Auswertung noch benötigt;
- *Zeit*verbrauchsangaben – im allgemeinen bezogen auf eine *Woche* – und, falls möglich und sinnvoll, auch *Bearbeitungsvolumina* werden später noch zum Bilden von »standards of performance« benötigt.

(Zeitanteile in Stunden, evtl. in halben Stunden, müßten dabei größenordnungsmäßig ausreichen. Es sei aber an dieser Stelle gesagt, daß gelegentlich auch T a g e s - o d e r M o n a t s aufschreibungen ausreichen müssen.

Erstere dienen hauptsächlich zur Selbstkontrolle [z.B. mit dem Ziel: Verbesserung der eigenen Arbeitstechnik, Beschränkung bzw. Konzentration auf das »wirklich Wichtige«], letztere meist mehr zu Abrechnungszwecken [z.B. Tagebuchblattaufschreibungen, Projekt-Status-Berichterstattung].

Auch in Bereichen, wo es im Laufe des Monats zu starken Auslastungsschwankungen kommt, kann aus Gründen der besseren Übersicht der *Monat* als Aufschreibungszeitraum angebracht sein.)

Bevor man mit solchen Tätigkeitsaufschreibungen beginnt, sollte man – noch konsequenter als bei der Erfassung der wesentlichen Aufgaben – eine gezielte Information aller Beteiligten vorausschicken. Viele Mitarbeiter – das haben insbesondere auch Erfahrungen mit der GWA gezeigt – fürchten spätestens in diesem Augenblick, daß ihr Arbeitsplatz in Gefahr ist, zumindest aber, daß ihre Arbeit durch eine derartige Arbeits- und Tätigkeiten-Analyse evtl. an Wert verlieren könnte.

Aufklärung im Vorfeld und ausreichende Motivation, gemeinsam die bestehenden Zustände verbessern zu wollen, sind deshalb unerläßlich. (Auch ein wenig »gemeinsames Üben« am praktischen Fall trägt meist zum besseren Verständnis für solche Aktionen bei.)

Während es sich aber bei der Aufgabenliste empfiehlt, von Anfang an nur s c h w e r p u n k t m ä ß i g vorzugehen (d.h.: »Was ist besonders wichtig, was weniger wichtig?«), sollte bei den Tätigkeitsaufschreibungen stets zunächst rein chronologisch vorgegangen werden.

Ein Zusammenfassen und Neu-Ordnen im Zuge der späteren Überarbeitung ist ja jederzeit möglich.

Tätigkeiten, die sich im Laufe der Erfassung mehrmals wiederholen, dürfen somit ohne weiteres auch wiederholt genannt werden, d.h. eine gewisse Redundanz ist erlaubt.

Da sich jede Aufnahme im allgemeinen nur über einen vergleichsweise kurzen Zeitraum (1 bis maximal 2 Wochen) erstreckt, sollte man die Mitarbeiter auffordern, immer auch an Tätigkeiten zu denken, die nur sporadisch vorkommen (z.B. Quartalsabschlüsse).

Abschließend müssen die in der Tätigkeitenliste angegebenen – meist lediglich ganz grob geschätzten – *Zeiten* natürlich auf Plausibilität gecheckt werden.

Hierzu zwei praktische Erfahrungen:

(1) Die Summe der Zeiten kommt aus Gründen des vielfachen Aufrundens oft auf weit mehr als 100 %,
    d.h. Bereinigen ist nötig.
(2) Es werden für ganz bestimmte (oft »lästige«) Tätigkeiten Zeiten angegeben, die von der Höhe nicht plausibel sind. Hier ist ein »Zurechtstutzen« erforderlich.

(Daß ein Mitarbeiter mit seinen Zeitangaben unter 100 % seiner Anwesenheit liegt, kommt äußerst selten vor, vielleicht wurde dabei eine Position übersehen.)

Wichtiger psychologischer Hinweis: Zeitangaben der Mitarbeiter sollten in dieser Phase unter keinen Umständen bereits als »Effizienz-Beurteilungskriterium« mißbraucht werden! Das hätte für den Wiederholfall meist schlimme Folgen. (Trotzdem kommen solche »Schnell-Überlegungen« in der Praxis ungewollt immer wieder vor.)

Bevor wir uns nun der *Arbeitsverteilungsübersicht* als Zusammenfassung der in den Aufgaben- und Tätigkeitslisten gesammelten Informationen zuwenden, erst noch ein kurzer Blick auch in Richtung »*Arbeitsablauf*«: Arbeitsabläufe sind natürlich für jeden, der sich mit Rationalisierung beschäftigt, immer interessant und aufschlußreich.

Im Werkstattbereich sei erinnert an die lange Entwicklung und ständige Verfeinerung des Zeit- und Arbeitsstudienwesens (REFA, BEDAUX, MTM, Work Factor u.v.a.m.), im administrativen Bereich an frühe Arbeiten und Vorschläge von »professionellen« Organisatoren wie Agthe, Böhrs, Nordsieck, Lohmann, Schnutenhaus und anderen.

Spätestens aber im Zusammenhang mit Überlegungen zu einer notwendig werdenden »Gemeinkosten-Reduzierung«, dem Wunsch nach »schlanken«, d.h. im allgemeinen effizienten Unternehmen, der Erkenntnis, daß man so wie in der Vergangenheit nicht mehr wettbewerbsfähig sein wird, haben sich die Blicke der Unternehmensleitungen immer wieder auf das Thema »wirtschaftliche Abläufe« konzentriert. Die angebotene Palette der von Beratern vorgeschlagenen »Verschlankungs-Ansätze« ist fast unübersehbar. Allen gemeinsam ist aber, bestehende Lösungen auf »Vertretbarkeit« abzuklopfen und meistens – in Nuancen – zu verbessern, wie dies aus japanischen Unternehmen als »KAIZEN« (= Methode der kontinuierlichen Verbesserung) berichtet wird. Unternehmen, denen es aber wirklich wirtschaftlich »auf den Nägeln brennt«, erwarten von solchen Methoden einen »Quantensprung« im wahrsten Sinne des Wortes. Hier sind dann häufig auch die Enttäuschungen groß, wenn ein solcher trotz aller Anstrengungen nicht eintritt.

Für derartige – alles Bisherige in Frage stellende – Ansätze eignet sich die hier beschriebene Arbeitsvereinfachung mit Sicherheit nicht – sie ist und bleibt eine »Do-it-yourself-Methode«. Da muß man schon »größeres (und auch erheblich teureres) Geschütz« auffahren.

Die hier propagierte Arbeitsvereinfachung (WS) hält, wie bereits gesagt, einen entsprechenden »Instrumentenkasten« vor, der insbesondere dem Meister oder Gruppen-Verantwortlichen die Möglichkeit gibt, *ohne* Heranziehen von Fachleuten aus der Verwaltung oder aus dem Industrial Engineering kurzfristig und ohne allzu großen Aufwand »Selbst-Rationalisierung« zu betreiben.

Ein brauchbares Mittel dazu ist nach wie vor der »*Arbeitsablaufbogen*«, in dem die einzelnen Arbeitsgänge und -schritte nicht nur verbal formuliert, sondern aus Gründen des »raschen Durchblicks« auch mit den bereits erwähnten (auf Gilbreth zurückgehenden) Symbolen (»Therbligs«) aufgezeichnet wurden.

Im folgenden sei – nicht allein aus Gründen der »Historie« – ein Beispiel für eine derartige Ablaufdarstellung vorgestellt. Umfangreicher Erläuterungen bedarf es sicher nicht, da Symbole und Darstellungsweise für sich selbst sprechen (Seite 52).

Die »Zick-Zack-Linie« – angereichert mit den o.a. Symbolen – zeigt den Wechsel zwischen eigentlichen *Bearbeitungs- und sonstigen Vorgängen,* die jeweilige Zeitsumme dieser »Vorgangstypen« ist rechts oben im Kopf des Formulars eingesetzt.

Ziel der »Rationalisierung« oder schlichter gesagt »der im Rahmen der Möglichkeiten liegenden Ablaufverbesserung« muß es nun sein, ungeplante und ungewollte *Verzögerungen auszuschalten* und mehr oder weniger zufällige »Lagerungen« *(Liegezeiten) abzubauen.*

In moderner Form taucht dieses Prinzip, was den Durchlauf von Informationen angeht, in der »KIWA« wieder auf.

In der GWA und natürlich auch in jeglicher Form der GPO dagegen kommt im allgemeinen eine derart detaillierte Analyse von Abläufen nicht mehr vor. Hier begnügt man sich meist mit groben »*Funktionsbeschreibungen*« (s.o.*) oder, falls erforderlich, auch mit einem etwas detaillierteren »*Flußdiagramm*« (nach DIN 66001).

Zur Illustration ist auf der folgenden Seite 54 ein Grobablauf »von der Kundenanfrage bis zum Auftrag« gezeigt, der aus dem QM-Handbuch eines kleineren Unternehmens (mit Serienanteil) stammt. Man hat sich bei der Darstellung damit begnügt, die »Aktivitäten« in Rechteckform und die jeweiligen »Entscheidungen« in Rautenform zu zeichnen, wobei zusätzlich die jeweils verantwortliche

---

* vgl. hierzu Seite 37 ff.

Arbeitsablaufbogen

Arbeit:	Anforderung eines Kugellagers
Abteilung	Mechanische Werkstatt

Bestehende Methode		Person	X	Datum: 25.1.
Vorgeschlagene Methode	X	Material		

Studie beginnt bei: Entnahme d.Werkstoffliste
Studie endet bei: Ablage d.Werkstoffliste
Aufgenommen durch: Werkstattmeister

Zusammenstellung

	Ist Zustand %	Zahl	Vorschlag %	Zahl	Unterschied %	Zahl
●	57	24	52	13	65	11
→	26	11	Mtr.900	78	7	Mtr.440	23	4	Mtr.460
■	5	2	4	1	6	1
D	10	4	Min.30	12	3	Min.20	6	1	Min.10
▼	2	1	4	1	–	–

Lfd. Nr.	Stufen des Arbeitsablaufs	Weg in mtr.	Zeit in Min.	Bemerkungen
1	Meister sucht Werkstoffliste heraus			
2	Greift defektes Kugellager			
3	Zum Betriebsleiter	40		
4	Wartet		5	
5	Betriebsleiter zeichnet W.-Liste ab			
6	Meister zum Karteiführer	120		
7	Wartet		5	
8	Karteiführer stellt Lagerort fest			
9	Materialanforderung aus Bestandskartei ausbuchen			
10	Stempeln und abzeichnen d.Werkstoffl.			
11	Meister zum Lageristen	20		
12	Wartet		10	
13	Übergibt defektes Kugellager			
14	Lagerist zur Sammelkiste	60		
15	Wirft defektes Kugellager weg			
16	Zum Lagerfach	30		
17	Nimmt neues Kugellager heraus			
18	Zum Ausgabeschalter zurück	80		
19	Händigt Lager an Meister aus			
20	Meister packt es aus			
21	Prüft es			
22	Geht zur Werkstatt zurück	130		
23	Übergibt Kugellager an Monteur			
24	Quittiert auf Werkstoffliste			
25	Legt Werkstoffliste in Kartei ab			

Column headers of analysis grid: Bearbeitung | Transport | Überprüfung | Verzögerung | Lagerung | Anzahl | Was? Warum? | Wo? Wann? | Wie? — Analyse; Auslassen | Zusammenlegen | Ändern des Ortes / d. Reihenfolge / der Person | Verbesserung — Vorschlag

Beispiel für einen Arbeitsablaufbogen

Stelle im unteren Drittel des Aktivitäten-Symbols ausgewiesen wird. Diese Form der Ablauf-Darstellung entspricht den Forderungen der Norm und wird – wegen der leichten Lesbarkeit – alle Beteiligten, d.h. auch den kritischen »Auditor« beglücken. QM-Erfahrene nennen 3 Vorteile dieser Art der Darstellung:
(1) trägt bei zur Ordnung der eigenen Gedanken,
(2) unschwer zu verstehen,
(3) hilfreich auch bei Einarbeitung in ein völlig neues Gebiet.

Die entsprechenden Work simplification-

Checkfragen zum Arbeitsablauf

haben dagegen auch heute noch unverändert Gültigkeit:

1. **Was** wird getan?
   Dies ist die Frage nach dem möglichst lückenlosen, aber eben nicht zu detaillierten Arbeitsablauf, mit dem Ziel der Erfassung der wichtigsten Stationen. Wurde etwas vergessen oder wurde in einzelnen, entscheidenden Punkten doch nicht genügend aufgegliedert? *(Vollständigkeitskontrolle!)*

2. **Warum** wird es getan?
   Ist das, was dort geschieht, wirklich notwendig oder vielleicht sogar überflüssig? Man will mit dieser Frage gegen »gedankenloses Nachvollziehen« vorgehen. Oft wird etwas nur getan, weil es irgendwann einmal verlangt wurde; inzwischen ist aber diese Notwendigkeit längst entfallen. *(Ablaufbereinigung!)*

3. **Wo** wird es getan?
   Eine solche Frage kann dazu beitragen, bestimmte Arbeiten ggf. an einen anderen Platz innerhalb oder sogar außerhalb der untersuchten Abteilung/des Bereiches zu verlegen. Vielleicht lassen sich allein auf diese Weise die berüchtigten Transporte und Wartezeiten einsparen oder zumindest verringern (Synergie-Effekt)? *(Umstrukturierung denkbar und sinnvoll?)*

4. **Wann** wird es getan?
   Könnte die betreffende Aktivität nicht bereits früher oder aber

Von der Kundenanfrage
bis zum Auftrag
QM-Beispiel

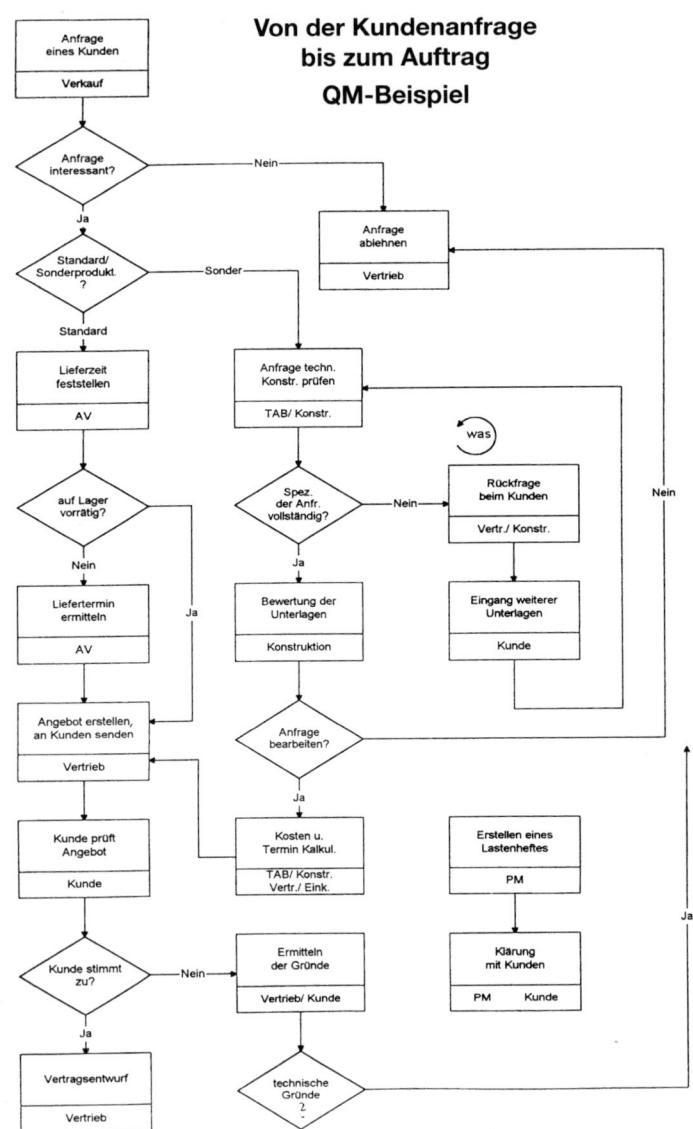

54

auch erst nachher zweckmäßiger durchgeführt werden?
(zeitliche Verlagerung möglich?)

5. **Wer** tut es?

Eine Untersuchung dieser Zusammenhänge unterstützt die alte Forderung nach dem »richtigen Mann/der richtigen Frau am richtigen Platz«. Diese Frage wird uns auch im Rahmen der *Arbeitsverteilungsübersicht* mehr beschäftigen.
(personelle Zuordnung richtig?)

6. **Wie** wird es getan?

Nach dem berühmten Erfinder, Thomas A. Edison, gibt es grundsätzlich immer und überall einen besseren Weg; es kommt nur darauf an, ihn zu finden. Man sollte deshalb nichts als gegeben hinnehmen, heute sagt man gern: »Man will etwas hinterfragen«. Kinder lernen dieses Prinzip schon in der Schule.
(Verbesserung möglich?)

Diese 6 Fragen sind als Gedankenstütze auch auf dem Arbeitsablaufbogen stichwortartig abgedruckt.

Die *Konsequenzen,* die sich für den Vorgesetzten aus einem »Abklopfen des Ablaufs« mit Hilfe dieser Fragen ergeben, sind folgende:

● *Was* und *Warum* führen automatisch zum Weglassen und Ausmerzen überflüssiger Arbeitsstufen,

● *Wo, Wann* und *Wer* führen i.d.R. zur Neuordnung, zur Zusammenlegung (Verdichtung), zur Änderung von Ort, Zeit, Person.

● *Wie* schließlich führt zur eigentlichen Verbesserung und damit zur angestrebten Arbeitsvereinfachung.

Um Gedanken, die beim Stellen solcher Fragen immer wieder automatisch auftauchen, festzuhalten, ist am rechten Rande des Formulars »Arbeitsablaufbogen« unter der Überschrift »Vorschlag zur Vereinfachung« gelegentlich ein Maßnahmenkatalog vorgedruckt, wo lediglich anzukreuzen wäre: *Auslassen, Zusammenle*gen, *Ändern* des *Ortes,* der *Reihenfolge,* der *Person, Verbesserung.*

Diese Zusatzspalte soll verhindern, daß man »im Eifer des Gefechts« etwas übersieht bzw. daß ein bereits als brauchbar angesehener Gedanke irgendwie wieder verlorengeht.

Erscheint Ihnen dieses Verfahren vom Ansatz her zu minutiös? Es geht auch einfacher: Man teilt den zu untersuchenden Arbeitsablauf in *Abschnitte* auf und stellt dann für jeden Abschnitt gesondert o.a. Schlüsselfragen (Checklisten-Kontrollprinzip). Das wird in den meisten Fällen sogar ausreichen.

Doch zurück zur *Arbeitsverteilungsübersicht:*

In der Arbeitsverteilungsübersicht (vgl. Seiten 58ff.) werden, wie bereits gesagt, die Informationen aus *Aufgaben-* und *Tätigkeitslisten* personen- oder gruppenbezogen systematisch und übersichtlich zusammengefaßt. Mit diesem Hilfsmittel kann der Bereichsvorgesetzte sich einen raschen Überblick über *Personen, Aufgaben, Tätigkeiten, Zeiten* und ggf. auch *Mengen* (in Form von »Bearbeitungsvolumina«) verschaffen.

(Arbeitsverteilungsübersicht/Arbeitsverteilungsbogen vgl. Seiten im Anhang: Abschnitt 10.)

Diese Übersicht soll ihn (wird ihn hoffentlich!) veranlassen, sorgfältig zu prüfen, wo ggf. eine »Umverteilung« von *Kompetenzen und Aufgaben,* von »*Last- und Leerlauf*«, von gewollten *Schwerpunkten* und *weniger wichtigen und damit vielleicht vernachlässigbaren Aktivitäten* möglich oder angebracht wäre.

Die Methode der Arbeitsvereinfachung (WS = Work Simplification) drückt ihm/ihr dazu ein weiteres praktisches Hilfsmittel in Form eines *Fragenkatalogs* in die Hand. Besonders hilfreich sind im ersten Ansatz vor allem die folgenden 6 Fragen:

Fragenkatalog zur Arbeitsvereinfachung

1. Welche Aufgaben nehmen die meiste Zeit in Anspruch?

Die Antwort darauf finden wir im linken Teil des Arbeitsverteilungsbogens, wo die Gesamtstunden der Abteilung und der prozentuale Anteil der Aufgaben festgehalten sind. Rein logisch gesehen, müßten die wichtigsten Aufgaben auch die meiste Zeit in Anspruch nehmen. Ist dies aber immer der Fall? Gibt es nicht vielleicht abteilungsfremde, für den Gesamtablauf im Unternehmen aber trotzdem wichtige Aufgaben, die im Laufe der Zeit zu einer echten Belastung geworden sind? Solche auffälligen Ergebnisse sollte man auf den ersten Blick markieren, um sie später mit anderen Werkzeugen der Arbeitsvereinfachung näher zu durchleuchten. Ob die »Relationen stimmen«, kann wohl in den seltensten Fällen ein Außenstehender entscheiden. Deshalb kann nicht oft genug hervorgehoben werden, daß der Arbeitsverteilungsbogen in erster Linie dem Vorgesetzten, d.h. Abteilungs- oder Gruppenleiter, Meister, Auskunft über die Auslastung seiner Gruppe/Abteilung/seines Bereichs geben soll. Ein hoher Anteil von Nebenaufgaben wird ihn auf jeden Fall nachdenklich stimmen.

Ein anderes ausgefülltes Beispiel folgt aus dem »Fertigungs«prozeß des Bauens auf Seiten 156 bis 159; dort ist mit dem Tätigkeitenkatalog auch »vorgespurt«, was im Kostenbudget nachher die Lohnkostenarten Fertigungslohn und Hilfslohn ergibt und zu proportionalen und fixen Kosten führt. Proportionale Kosten als Produktprozeßkosten; fixe Kosten als Organisations-Strukturkosten. Diese Strukturkosten wollen wir ja auf ihre Höhe (und Struktur) »abklopfen«.

Arbeitsverteilungsbogen (Ist-Zustand)

Arbeitsgruppe: Materialläger			Name: Müller, Hans			Name: Wichtig, Wilhelm		
Lfd. Nr.	Aufgaben	Std.	Tätigkeiten	Std.	An-zahl	Tätigkeiten	Std.	An-zahl
1	Materialeingang (12,2%)	31						
2	Materialausgang (18,0%)	46						
3	Lagerhaltung und Materialpflege (23,5%)	60	Raumplanung	2		Materialbestands-prüfungen durchführen	1	
			Lagerüberwachung	8½				
4	Karteiwesen (9,0%)	22½	Lagerortkartei führen	2		Werkstofflisten austragen	6	2.
						Materialkarten austragen	3	400
						Lieferscheinmenge in Bestandskartei eintragen	6	
5	Verwaltungsarbei-ten (11,1%)	28½	Materialprüfaufträge schreiben lassen	2	60	Anwesenheitsliste führen	½	
			Materialeingänge überwachen	4		Lieferscheine mit Bestellscheinen vergleichen	3	60
			Reklamationen bei Lieferanten	4		Warenein angsscheine schreiben	3	40
			Wareneingangsscheine quittieren	1	400	Lagerort in Liefer-scheine eintragen	1½	
						Termine an Einkauf	1½	
						Urlaubsliste führen	½	
						Posteingangsbuch führen	1½	
6	Rücksprachen (18,6%)	47½	Tageseinteilung mit Personal	1½		mit Lagerverwalter	3	
			mit Werkstoffeinsatz	3		mit Einkauf	2	
			mit Meistern und Betriebsleitung	3	20	mit den Lageristen	2½	
			mit Lieferanten	3½	15	mit Werkstoffeinsatz	1	
			mit Einkauf	2				
			mit Konstruktionsbüro + AV	5	12			
			mit Karteiführern	3				
7	Verschiedenes (7,6%)	19½	Fuhrparkeinsatz (Nahverkehr)	1½		Passierscheine ausstellen	½	60
						Allg. Arbeiten f. Lohnbüro	1½	
						Verbandskasten, Sanitäter	2	
	Gesamtstunden der Abteilung (100%)	255		46				

Name: Setzer, Georg			Name: Geber, Eduard			Name: Ott, Otto			Name: Einfach, Egon		
Tätigkeiten	Std.	An-zahl	Tätigkeiten	Std.	An-zahl	Tätigkeiten	Std.	An-zahl	Tätigkeiten	Std	An-zahl
Materiallieferungen einräumen	6		Materialeingänge auspacken	4	80	Materialeingänge auspacken	6	25	Kisten öffnen	4	60
			Eingänge zählen und Lieferscheine abzeichnen	1 ½		Lieferscheine abzeichnen	1½		Material in Lagerabteilungen transportieren	2	
			Eingänge in Lager einräumen	2		Eingänge in Lager einräumen	4				
Material nach Werkstofflisten zusammenstellen	7	20	Material ausgeben	7		Material ausgeben	5		Material in Betriebsabteilungen transportieren	10	30
			Material nach Werkstofflisten zusammenstellen	6	20	Material zusammenstellen	5½	50	Öle und Fette ausgabefertig machen	3	
									Stangenmaterial von und zur Säge transportieren	2½	10
Materiallieferungen kontrollieren	8		Lager umräumen	2½		Lager umräumen	2		Einsammeln der Materialkästen	2	
Materialpflegearbeiten	3		Materialpflegearbeiten	9		Materialpflegearbeiten	4		Leergut versandfertig machen	4	50
Lager umräumen	2					Reinigungsarbeiten	2		Lager umräumen	4	
Lager reinigen	1								Reinigungsdienst	5	
						Material aus Materialbestandskartei austragen	2	20	Leergutkladde führen	1½	
						Materialeingänge in Mat.-bestandskartei eintragen	2				
Werkstattauftragszettel abzeichnen	1 ½	90	Mindestbestandsmengen an Karteiführer melden	1		Mindestbestand an Lagerverwalter melden	1½				
Aufträge für die Säge schreiben	1 ½	100	Lagerort feststellen	½							
mit Lagerverwalter	1 ½		mit Lagerverwalter	1		mit Lagerverwalter	1½				
mit Betriebsleiter und Meistern	3		mit Werkstoffeinsatz	1½		mit Einkauf	1				
mit Konstruktionsbüro	3					mit Betriebsleiter und Meistern	2				
mit Werkstoffeinsatz	2										
mit Terminjäger	1 ½	30									
Botengänge für Konstruktionsbüro	2	6	Verbrauchsgüter bestellen	3	15				Allgemeine Botengänge	3	10
			Betriebsarzt ticket	6							
		45			40						41

2. Wird zuviel Zeit auf unwichtige Dinge vergeudet?

Solche unwichtigen Dinge sammeln sich meistens unter der Rubrik »Verschiedenes«. Hier ist es deshalb erforderlich, bei den einzelnen Mitarbeitern die darunter aufgeführten Tätigkeiten auf ihre Wichtigkeit, vielleicht sogar Notwendigkeit, hin zu überprüfen. Es werden vor allem solche Tätigkeiten sein, die mit dem eigentlichen Auftrag an die Gruppe sehr wenig zu tun haben. Das kann auf Gewohnheit beruhen oder an die Person des Mitarbeiters gebunden sein; gerade im letzten Falle wird man das nicht ohne weiteres abstellen können und auch nicht wollen. Kritisch wird es, wenn die betreffende Person, wie das bei Klein- oder Mittelbetrieben typisch ist, immer wieder zu Aushilfsarbeiten in anderen Bereichen herangezogen wird, weil entweder sonst keine Auslastung ihrer Kapazität möglich wäre oder weil der/die Entsprechende sich »so schön als Ausputzer« eignet. Oft kommt es nämlich dann vor, daß sich die eine Gruppe auf Kosten der anderen Vorteile verschafft (»RAKA« = Rationalisierung auf Kosten anderer).

Diese zweite Frage kann damit bereits zu einer Bereinigung führen, zumindest wird man derartige Entdeckungen bei einer späteren Entzerrung berücksichtigen. Von der Erkenntnis zur Tat ist aber auch hier, wie so oft, ein weiter Weg, d.h. was änderungsbedürftig ist, sollte auch umgesetzt werden. Sonst lügt man sich was in die Tasche!

3. Sind die Mitarbeiter ihren Fähigkeiten oder ihrer Bezahlung entsprechend eingesetzt?

Auch dieser Frage sollte man sich mutig stellen. Vielfach sind durch einmalige »Feuerwehraktionen« Lösungen entstanden, die einer Korrektur bedürfen. Wer kann beurteilen, was schlimmer ist:

a) wenn hochbezahlte Mitarbeiter Dinge tun, die nicht ihren Fähigkeiten und schon gar nicht ihrer Bezahlung entsprechen, oder

b) wenn niedrig eingestufte Mitarbeiter auf Dauer für Aufgaben in Anspruch genommen werden, die ihre Fähigkeiten überfordern oder wegen der »ungerechten« Bezahlung zu Enttäuschung und Demotivation führen?

Für die Betrachtung des Arbeitsverteilungsbogens unter diesem Gesichtspunkt heißt das, sich die einzelnen Mitarbeiter daraufhin anzusehen, ob sie nicht Tätigkeiten verrichten, die ein anderer sinnvoller und auch besser ausführen könnte.

Diese dritte Frage führt damit oft zu einer Verschiebung der Tätigkeiten innerhalb der Gruppe. Wünschenswert wäre es, für jede Tätigkeit die bestgeeignete und auch für diese Tätigkeit angemessen bezahlte Person zu finden.

Es wäre aber falsch, an dieser Stelle zu verschweigen, daß einige (wenige) Unternehmen mit Erfolg daran gegangen sind, derartige Fragen mit Hilfe z.B. der analytischen Arbeitsbewertung und Arbeitsplatzbeschreibungen zu lösen. Wenn es gelingt, ein solches Konzept für ein Unternehmen zu entwickeln, dann ist es selbstverständlich auch möglich, die richtigen Relationen zwischen auszuführender Arbeit und Entlohnung, ja sogar die viel schwierigeren Fragen der Mitarbeiternachfolge, -ersatzbeschaffung und -förderung zu lösen. Wo ist dies aber bisher in der Praxis zufriedenstellend gelöst? Der Arbeitsverteilungsbogen bietet hier natürlich wirklich nicht mehr als einen ersten Ansatzpunkt.

4. *Verrichten die Mitarbeiter zu viele Dinge, die nichts miteinander zu tun haben?*

Aus arbeitsphysiologischen Untersuchungen ist bekannt, daß es nichts Schlimmeres als Monotonie gibt. Wenn im umgekehrten Fall aber sich bei einem Mitarbeiter im Vergleich zu anderen eine Unzahl von Tätigkeiten massiert, so sollte dies Anlaß sein, das unter die Lupe zu nehmen. Mitarbeiter, die sich um zu viele Dinge kümmern müssen, werden ja von ihren eigentlichen Aufgaben abgelenkt und zu oft aus ihrer Konzentration gerissen. Hektik und Aktionismus sind die Folge. Dem sollte man entgegenwirken! Allgemeine Empfehlungen und Richtwerte lassen sich hierzu allerdings nicht geben.

5. *Sind gleichgeartete Tätigkeiten auf zu viele Personen verteilt?*

Innerhalb der Aufgaben sind hier die Tätigkeiten der einzelnen Personen daraufhin zu überprüfen, wo sich Doppel- und Parallelbearbeitungen eingeschlichen haben. Diese werden zu einem hohen Prozentsatz gewollt sein, können aber letztlich zu Kompetenzschwierigkeiten und Überschneidungen führen. Im Gegensatz zu dem Zustand, auf den die Frage 4 zielt, sind diese Tatbestände dem Vorgesetzten meistens gar nicht bewußt. Will er hier Einsparungen erreichen oder die Gefahr des Abwälzens der Verantwortung verhindern, so muß er klare Verhältnisse schaffen. Dazu gehört beispielsweise auch eine saubere Stellvertreterregelung.

Im übrigen sei an dieser Stelle nochmals an das bereits mehrfach erwähnte »Funktionen-Diagramm« erinnert, das genau diesem Zweck dient, indem es solche »Aha-Effekte« automatisch auslöst.

6. Ist die Arbeit gleichmäßig verteilt?

Zu den Pflichten eines guten Vorgesetzten gehört es, seine Mitarbeiter möglichst gerecht zu behandeln und zu beurteilen. Dies trägt zur Arbeitszufriedenheit wesentlich bei. Die Zeitangaben, die er im Arbeitsverteilungsbogen hinter den Tätigkeiten findet, sagen aber noch lange nichts über die Leistung des einzelnen aus. Bis zum Augenblick, wo er die Angaben aus den Tätigkeitenlisten auf den Arbeitsverteilungsbogen überträgt, wird er sich in dieser Hinsicht schon einige Gedanken gemacht haben. Ob er aber in der Lage ist, den echten Leistungsgrad seiner Mitarbeiter zu erkennen und auch die Qualität der Ausführung, sei dahingestellt. Freiwillige Überstunden sind bekanntlich kein ausreichendes Kriterium für die Einsatzfreude des einzelnen.

Entsteht aber erst einmal ein Gefühl der Ungerechtigkeit, so ist sehr schnell die Atmosphäre vergiftet (»innere Kündigung«).

Der Arbeitsverteilungsbogen kann, wie gesagt, zur Lösung all dieser Probleme nur einen kleinen Beitrag leisten, indem er dem Verantwortlichen ein transparenteres Bild von seiner eigenen Gruppe gibt. Anhand dieses Bildes zu einer gerechteren Verteilung der Aufgaben und Tätigkeiten zu kommen, kann ihm dabei niemand abnehmen. In vielen Fällen mag es genügen, zumindest die arbeitsmäßigen und oft auch finanziellen Dissonanzen zu bereinigen.

Auch hierzu hat SPRENGER die interessante These aufgestellt: »Wichtigste Aufgabe der Führungskraft ist weniger das Motivieren ihrer Mitarbeiter, als vielmehr endlich aufzuhören, sie permanent zu demotivieren« (z.b. durch Fehleinschätzung oder permanentes Reinreden).

Arbeitsverteilungsübersicht – Folge-Analysen

Hierzu ergänzend einige *praktische Konsequenzen* aus den Erkenntnissen mit Hilfe der Arbeitsverteilungsübersicht:

Mit dem reinen Verschieben oder Verlagern von Tätigkeiten ist es natürlich meist nicht getan. Gelingt es aber, z.b. durch Zusammenlegen und ggf. Streichen bestimmter Tätigkeiten eine Verkürzung der insgesamt benötigten *Zeit* zu erreichen, so ist schon sehr viel gewonnen. Die Überlegungen sollten aber noch weiter gehen, z.b. sollte der Bereichsverantwortliche fragen:

1. Welche Reserven stecken eigentlich in meinem Bereich?

Läßt sich damit vielleicht sogar eine zu erwartende Umsatzausweitung auffangen?

Beispiel: In einer Warenannahmegruppe mit 4 Personen klettert die Zahl der WE-Meldungen von Jahr zu Jahr von 28 500 auf 29 000, 30 500 und 32 000. Da die Abteilung die erste Steigerung anstandslos verkraftet hat, sieht die Geschäftsleitung eigentlich keinen Anlaß, die Kapazität zu erweitern. Theoretisch wäre vielleicht erst bei 35 000 Meldungen die kritische Zumutbarkeitsschwelle überschritten. Will der Vorgesetzte die Mehrbelastung seiner Mannschaft auffangen, muß er rechtzeitig M a ß n a h m e n ergreifen und ggf. nach A u s w e g e n suchen.

Mit Hilfe der 6 Schlüsselfragen kommt er dabei u.U. zu folgenden Ergebnissen:

- Höhere Arbeitsproduktivität durch Abstellen überflüssiger Dinge (Verzicht),
- Einsatz modernerer Hilfsmittel und Geräte (Investition),
- verbesserte Zugriffsmöglichkeit zu Dateien und Archiv (Be-

schleunigung),
- *kein* zusätzlicher Personalbedarf!

2. *Wie läßt sich bei Schrumpfen des Arbeitsanfalls die Personalstärke meines Bereichs verringern?*

Auch dieser Fall ist heute unverändert aktuell.

Für die Auswahl der Personen, von denen er sich – natürlich auch im Hinblick auf Einsatzmöglichkeiten in anderen Bereichen – am leichtesten trennen könnte, gibt die Arbeitsverteilungsübersicht dem Vorgesetzten eine gute Hilfestellung. Er muß nur berücksichtigen, bei welchen Tätigkeiten und Aufgaben Verschiebungen und Zusammenlegungen, wenn nicht gar Streichungen, problemlos möglich sind (Synergieeffekte möglich?).

3. *Wird die Zahl der Mitarbeiter auch bei weiterhin zu erwartender Arbeitszeitverkürzung genügen?*

Auch darauf muß jeder Vorgesetzte jederzeit vorbereitet sein.

Die Arbeitszeitflexibilisierung, vor allem aber auch der Einsatz von Teilzeitkräften, hat hier zwar – im Vergleich zu früher – den »Handlungsspielraum« erheblich erweitert, entscheidend für den Vorgesetzten wird es trotzdem sein, wie er die Verkürzung auffangen kann, *ohne* seine Personalkapazität erheblich zu erweitern.

Auch hier bietet ihm die Arbeitsverteilungsübersicht die Möglichkeit, solche Entwicklungen sozusagen im Vorfeld zu »simulieren«. Daraus ergibt sich praktisch dann auch die nächste Frage:

4. *Wie läßt sich die Arbeit für meinen Bereich sinnvoll in die Zukunft planen?*

Welchem Führungsverantwortlichen bleibt schon in der Hetze des Tages genügend Spielraum, solche planerischen Überlegungen regelmäßig anzuustellen?

Und doch kann er damit rechnen, daß z.B. durch Einsatz neuer Organisationsmethoden im Laufe der Zeit bestimmte Tätigkeiten oder auch ganze Arbeitsplätze zwangsläufig völlig verschwinden, daß sich Strukturveränderungen in seinem Bereich ergeben und daß er sich dann vor die Frage gestellt sieht, in welcher Weise er mit seinem Bereich die an ihn gestellten (neuen) Aufgaben trotz aller Einschränkungen und Hindernisse erfüllen kann.

5. Ist eine Produktivitätsverbesserung möglich?

Relativ neu hinzugekommen ist vor einigen Jahren die Erkenntnis, daß man selbst im Bürobereich – entsprechende »standards of performance« vorausgesetzt –, gezielte Maßnahmen zur Verbesserung der abteilungsinternen Produktivität treffen kann.

Auch das »Benchmarking« zielt genau in diese Richtung, wobei man sogar gerne über den eigenen Tellerrand, d.h. selbst über Branchengrenzen hinweg, zu schauen sich bemüht.

Zum Thema »SOP« liefert Wäscher, damals Controller in einem größeren Maschinenbau-Unternehmen, ein interessantes Beispiel: Anträge auf Personalerweiterung wurden dort grundsätzlich nur dann – und zwar vom Controlling abgezeichnet – genehmigt, wenn nachgewiesen werden konnte, daß sich das *Mengenvolumen* (i.d.R. natürlich insbesondere bei repetitiven Vorgängen) entsprechend erhöht hatte (bzw. mit Sicherheit erhöhen wird).

Es ist nach wie vor eine bedauerliche Tatsache, obwohl dieser Trend deutlich zurückgeht, daß sich der Vorgesetzte – mag er auch noch so ein guter Fachmann und auch »Menschenführer« sein – in Organisationsfragen vielfach unsicher fühlt. Erhält er bei einem Problem keine Unterstützung von seiten der Experten, ist er leicht geneigt, nach allgemeinen Vorbildern und »Analog-Fällen« Ausschau zu halten. Das kann sehr problematisch sein. Je mehr er sich dagegen mit Hilfsmitteln wie der hier beispielhaft genannten »Arbeitsverteilungsübersicht« befaßt, desto mehr eigene, fundierte Erkenntnisse wird er daraus ableiten können.

Denn: Die Zusammenhänge zwischen Aufgaben, Zielen und Tätigkeiten der Mitarbeiter erscheinen ihm dann viel plastischer.

Die mehr »sammelnde und auswertende« Stelle im Unternehmen – in vielen Fällen vielleicht die Betriebswirtschaft, die Organisation oder auch der Controller – die im Laufe der Zeit Arbeitsverteilungsübersichten möglichst vieler Kostenstellen und Abteilungen zu Gesicht bekommt, wird in kurzer Zeit ebenfalls einen besseren

Blick für die Aussagekraft solcher Informationen bekommen, um daraus die für die eigenen Zwecke notwendigen Vergleiche und Schlüsse zu ziehen.

Diese Sammelstelle sollte dann nach Möglichkeit auch für den *Änderungsdienst* verantwortlich und an der *Entwicklung von Soll-Vorschlägen* beteiligt sein. (Daß sich die hier vorgeschlagenen Formulare gleichermaßen für Ist-Aufnahmen wie für die Darstellung von Soll-Vorschlägen eignen sollten, ist eigentlich selbstverständlich.)

In dem Augenblick allerdings, wo sich ein Unternehmen entschließt, neben dem weiter vorne als unerläßlich Angesprochenen wirklich umfassende Soll-Vorschläge zu erarbeiten, wird es unumgänglich sein, von der bisher beschriebenen Form der Arbeitsvereinfachung als »Participational work simplification« einen Schritt weiterzugehen in Richtung »professioneller« Methoden, häufig auch im Zusammenspiel mit externen Beratern. Wo dagegen die »Änderung aus eigener Anstrengung« genügen mag, spricht nichts gegen den weiteren Einsatz der hier beschriebenen »klassischen« WS.

So wie es bei Stellenbeschreibungen wenig sinnvoll ist, einfach »eingefahrene Verhältnisse« zu dokumentieren (ggf. sogar ungewollt zu »zementieren«), wird es dann nämlich nicht mehr ausreichen, es allein dem Vorgesetzten zu überlassen, sein Soll aus dem Ist abzuleiten.

Gerade die zuletzt angesprochenen Beispiele gehen ja bereits deutlich in Richtung einer controlling-orientierten *Kostenverhinderungsplanung*.

Rechtzeitige Vorsorgetherapie nach dem alten Frankfurter Sprichwort »Vorne gerührt, brennt hinten nicht an« verhindert später notwendig werdende, oft schmerzhafte Amputationen.

Dabei hat es sich bewährt, nicht nach Gefühl, sondern möglichst immer anlaßorientiert vorzugehen. So ein Anlaß liegt z.B. vor, wenn die Zahl der Mitarbeiter für die Aufgaben und das Arbeitsvolumen nicht mehr ausreicht. Muß jetzt ein neuer Kollege engagiert werden? Oder läßt sich die Arbeit nicht besser anders verteilen? Auch das Ausscheiden eines Mitarbeiters darf nicht zwangsläufig zum Ersatzbedarf führen. Läßt sich evtl. vermeiden, daß eine

»Planstelle« wieder neu besetzt wird? Hier haben die meisten Unternehmen sicher schon eigene Erfahrungen gesammelt.

Standardfragen für Führungskräfte

Für ganz spezielle Führungskräfte-Positionen – vor allem mit Blick auf *Funktions- und Stellenbeschreibungen* – wäre die Standard-Fragestellung entsprechend zu modifizieren.

Auch hierzu ein Beispiel aus der Praxis (HEW, Hamburg):

(1) Beschreiben Sie *Hauptzweck* und *Hauptaufgaben* Ihres Arbeitsplatzes.

(2) Welche *Mindestanforderungen* halten Sie für diese Position für erforderlich?

(3) Geben Sie dabei nicht die Fähigkeiten des augenblicklichen Inhabers an, sondern die *sachlichen Anforderungen* dieses Arbeitsplatzes.

(4) Welche noch nicht erlangten *Kenntnisse* sollen (müssen) für diese Position *noch erworben* werden und *in welcher Zeit*?

(5) *Wieviele Mitarbeiter* sind in dieser Position zu überwachen, in welcher Art und in welchem Ausmaß?

(6) Wie ist die *Verantwortlichkeit* dieser Stelle?

(7) Welche *Entscheidungen* werden ohne Rücksprache mit dem nächsthöheren Vorgesetzten ausgeführt?

(8) Wie oft hat der *Vorgesetzte* mit dem Stelleninhaber direkten *Kontakt*?

(9) Werden *Leistungskontrollen* durchgeführt und welche?

(10) Was ist der *schwierigste Teil der Arbeit* in dieser Position?

(11) Wer kann von dieser Stelle aus wohin *befördert* werden?

(12) Wie ist die *Arbeitszeit*?

(13) Ist unregelmäßige *Nach-* und *Überzeit* erforderlich?

Bekannte Autoren zum Thema »Stellenbeschreibungen« (z.B. Zander, Knebel) betonen, daß als Hilfsmittel der Arbeitsanalyse, aus der heraus die Stellenbeschreibungen dann entwickelt werden können, sich ganz besonders die Arbeitsvereinfachung (WS) bewährt hat.

Sehr gute Ansätze zum Erarbeiten von Stellenbeschreibungen liefern darüber hinaus natürlich die erwähnten *Funktionendiagramme* (vgl. S. 26ff.).

Um das zuletzt angesprochene Thema nochmals zu »umrunden«:

– *Tätigkeitsbeschreibungen* (mit *Zeit*- und *Mengen*angaben) sind unerläßlich bei jeder Bemühung, Aufgaben- und Abteilungsgliederungen unter dem Motto »Kostenreduzierung« (hpts. natürlich Gemeinkosten!) kritisch zu durchleuchten.

– *Arbeitsabläufe* dagegen sollten – zumindest, soweit sie bereichsübergreifender Natur sind – besser den entsprechenden »Spezialisten« (eigenen oder ggf. auch fremden) überlassen bleiben. Trotzdem schadet es sicher nichts, solche Methoden zumindest vom Ansatz her zu kennen.

Kopienverteilungsplan / Belegflußdiagramm

Simple ergänzende Hilfsmittel der Ablaufdarstellung in Ausschnitten sind z.B. der *Kopienverteilungsplan* oder *Belegflußdiagramme*.

Auch hierzu sind auf den beiden Seiten 69 und 70 zwei einfache Beispiele angefügt. Eine Erklärung dazu ist nicht nötig.

Solche *Arbeitsablauf*- und auch *Belegflußdarstellungen* werden heute sehr viel stärker als in den Anfangszeiten der »WS« auch als Hilfsmittel zur Verbesserung von D u r c h l a u f z e i t e n verwendet.

Die ausgesprochen schlechte Relation von häufig »85:15« (Liegezeiten: Bearbeitungszeiten) wurde bereits erwähnt, im Bereich der *Informationsverarbeitung* sollen es lt. Siemens sogar vielfach bis zu 95 % Liegezeiten gewesen sein.[*]

Hierzu gibt es inzwischen PC-fähige Softwaremodule, die man sich notfalls besorgen sollte.

---

[*] vgl. Stichwort »KIWA« im Abschnitt 9.

Kopienverteilungsplan zum Arbeitsablauf: „Lauf einer Kundenrechnung"

Bestehende Methode	Vorgeschlagene Methode
(Streichen, falls Blatt für vorgeschlagene Methode verwendet wird)	(Streichen, falls Blatt für bestehende Methode verwendet wird)

erstellt durch: Meister	Rücksprache mit Ersteller am:
Kostenstelle: 187	Übergeführt in BVW = ja/nein
Datum: Januar 19	Registriert mit VV-Nr.:
weiter an Ausschuß:	Entscheidung am:

nur folgende Symbole verwenden:
○ = Bearbeitung
□ = Kontrolle
▽ = Lagerung

welche Stellen durchlaufen die Schriftstücke?

Lfd.-Nr.	Art des Schriftstückes	1 LKA	2 Versand	3 Packraum	4 Buchhaltung	5 Poststelle	6 Registratur	7 Kunde	8 Verband	9	10
1	Original (weiß)							ca.	ca. 15% der Kunden wünscht Rechnung getrennt von der Ware / 85% bekommt Rechnung normal mit der Ware		
2	1. Kopie (rot)						Ablage nach Rechnungs-Nr.				
3	2. Kopie (weiß) bedruckt				ca. 50% werden vernichtet				nur ca. 50% sind Verbandskunden		
4	3. Kopie (weiß) blanko						Ablage nach Kunden				
5	4. Kopie (grün)		20%		65%			5% Großkunden / 10% nach Wunsch			
6											

Bestehende Methode	Durchlaufdiagramm zum Arbeitsablauf	Lieferantenrechnung	Nr.: 22	Vorgeschlagene Methode

(Streichen, falls Blatt für vorgeschlagene Methode verwendet wird)	Erstellt durch: Bürochef	Kostenstelle:	Datum: März 19	(Streichen, falls Blatt für bestehende Methode verwendet wird)
	Weiter an Ausschuß am:	Rücksprache mit Ersteller am:	Entscheidung am:	
	Ins BVW überführt: ja/nein	VV-Nr.:	Für Entscheidungsgründe Rückseite benutzen!	

Welche Personen haben mit dem Vorgang zu tun?

Lfd. Nr.	Welche Stellen haben mit dem Vorgang zu tun?	
1	Bote	
	Postabfertigung	
2	Sekretärin	
3	Fabrikdirektor	
4	Bürochef	
5	Einkauf	
6	Rechnungskontrolle	
7	Stellvertretender Bürochef	
8	Kassierer	
	Buchhaltung	

Arbeitsvereinfachung beim Controller selber?

Das Thema *»Tätigkeiten und Abläufe«* soll mit einem Seitenblick auf den persönlichen Arbeitsbereich des Controllers abgeschlossen werden:

Haben Sie sich schon einmal die Mühe gemacht, den eigenen »Aufgabenblock« nach Tätigkeiten zu untergliedern, den Zeitaufwand gegenüberzustellen und auf diese Weise »die Spreu vom Weizen zu scheiden«?

Hierzu genügt ein *Tätigkeitenblatt* im oben beschriebenen Sinne oder wie es Hürlimann* jedem Manager empfiehlt:

Entsprechend sorgfältig ausgefüllt, ergibt es wertvolle Hinweise auf typische *Schwachstellen* bei den eigenen Tätigkeiten (*vermeidbar, delegierbar,* in der vorliegenden Weise *unzweckmäßig* bzw. mit *unvertretbarem Zeitaufwand*) sowie auf *»Störanfälligkeit«* durch unerwartete Ereignisse (hpts. die lästigen *»Kleinstörungen«,* wie Telefon und *»Palaver«,* die den kleinen Mann oft zum Rasen bringen).

Machen Sie sich vor allem aber auch einmal bewußt, was ihre eigene *Netto-Stunde kostet* (incl. Nebenkosten, Arbeitsplatz und Orgmitteln – bis hin zum PC und/oder Terminal).

Bekämpfen Sie die »Zeitdiebe« der verschiedensten Art, indem Sie auch bei Ihren einzelnen Tätigkeiten fragen:

- Sind sie u.U. *vermeidbar?*
- Sind sie *delegierbar?*
- Lassen sie sich mit *weniger Zeitaufwand* erledigen?
- Liegen sie *konform* mit meiner eigenen *Zielsetzung?*

*Die GWA läßt grüßen!***

Von persönlichen Arbeitstechniken (wie z.B. Fuchs, Großmann, Helfrecht, Hirt, Mewes) haben Sie sicher schon gehört, Bücher von Mackenzie, Ott, Sievert, Zielke u.ä. vielleicht sogar gelesen?

Trotzdem gibt es für jeden von uns sicher noch einiges zu tun – packen wir's an! »Nur wer beginnt, gewinnt!«

---

* vgl. Literaturhinweis, Mustervordruck S. 72.
**Einige Hinweise zur systematischen Verbesserung der eigenen Arbeit nach Hürlimann finden Sie in *Anlage 2* aufgelistet.

Abb. 1 Beispiel eines Aufnahmeblattes für Tätigkeitsanalysen
(Aus: Hürlimann, Arbeitsmethodik und Führung, Heft 2. IMAKA-Verlag Zürich 1985)

Aufnahmeblatt für Tätigkeitsanalyse

Datum: _____

Beginn (A)	Nr. (B)	Art der Tätigkeit (C)	Klein-störungen (D)	Auswertung				
				Einzel-zeit (E)	Totale F-Zeit (F)	1	2	3

1 = vermeidbar, 2 ≙ delegierbar, 3 = Zeitaufwand falsch

Kleinstörungen-Auswertung

Verursacher:	Anzahl Störungen	Total
Rot _____		
Grün _____		
Blau _____		
Gelb _____		

»Zeit und Kosten machen die Musik,
aber das Gesamtgeschehen (und den Menschen) nicht vergessen!«

Mit dem Übertragen des *Produktivitäts-/Effizienzgedankens* von der Fertigung auf den Verwaltungsbereich haben wir uns lange schwer getan. Es wurde dabei immer wieder »lamentiert«, daß die Produktivität im Fertigungsbereich seit den ersten Ansätzen Taylor's bis heute um einige hundert Prozent (800–900 %) gesteigert werden konnte, während es in der gesamten Administration vergleichsweise nur zu einer »marginalen« Steigerung kam (30–40 %). Das müßte inzwischen mehr sein, aber immer noch weit entfernt von o.a. »Traumgrößen«.

Das hing sicher vor allem damit zusammen, daß man im Produktionsbereich meist *repetitive* Vorgänge untersuchte, während man den »Kaufleuten« immer schon – völlig zu Unrecht – ein außergewöhnliches hohes Maß an kreativen Tätigkeiten unterstellte.

Daß dem in Wahrheit nicht so ist, hat sich inzwischen herumgesprochen.

Betrachten wir »*Produktivität*« einfach als Relation von

Output,
Input

so läßt sich natürlich jede »Output-*Leistung*« zumindest grob beziffern – vom einfachen Zählen der Vorgänge und Aktivitäten bis hin zum Versuch, gewisse Zusammenhänge u.U. sogar mit Hilfe von Äquivalenzzahlen sichtbar zu machen –, man braucht dann lediglich den »Input« z.B. in Form verbrauchter *Zeiten* gegenüberzustellen, wobei man wiederum »bewertete Zeit« = *Kosten* nehmen kann – und man hat das, was man schon lange sucht:

»standards of performance« (SOP).

So einfach, wie das klingt, ist es leider in der Praxis nicht.

Denn: In jedem Bereich gibt es wiederum Tätigkeiten, die eine Art »Grundlast« darstellen, die einfach geleistet werden muß, damit der Bereich »laufen kann« – und diese Dinge sind nur selten repetitiv. Erst was dazukommt (z.b. zu bearbeitende Vorgänge, »Fälle«, Buchungen, Bestellungen, Dispositionsentscheidungen, Auskünfte, Berichte, Meldungen usw.), kann als Maß für die oft schwankende Beanspruchung eines Bereichs angesehen werden.

Die Prozeßkostenrechnung versucht, diesem Problem gerecht zu werden, indem sie zwischen *leistungsmengeninduzierten* und leistungsmengenunabhängigen Kosten unterscheidet.

Am Beispiel eines *Betriebswirtschaftlichen Referenten eines großen Industrieverbandes:*

Bei etwa 3000 Mitgliedsfirmen, davon rund 90 % im mittelständischen Bereich (unter 500 Beschäftigten) kann man davon ausgehen, daß ein annähernd regelmäßiger Bedarf der Unternehmen an Standard-Auskünften vorhanden ist: »Wie macht man das? Wer hat die Software im Einsatz? Gibt's hierzu eine Kennzahl? Kennen Sie ein ähnlich strukturiertes Unternehmen, das…? usw.«

Unterstellen wir, daß dies eine »Grundlast« von vielleicht 30–40 % der Tätigkeit des Referenten ausmacht. Kommt aber ein »aktuelles Thema« auf wie z.B. ISO 9000, TQM, Lean Management, Gruppenarbeit, Arbeitszeitflexibilisierung, Bestands-Controlling oder wird eine neue Umfrage erstmals gestartet, so reicht der alte »Planansatz« plötzlich nicht mehr aus.

Ähnliches gilt für Seminare, Erfas und andere Veranstaltungen, die nach Bedarf von den regionalen Außenstellen des Verbandes angefordert werden können – in einem Jahr sind es weniger als 10, im nächsten plötzlich 30–50. Hinzu kommen Sitzungen, Projektarbeiten, Buchveröffentlichungen, Verbandspublikationen wie die »Nachrichten« oder Jahresberichte u.a.m.

Trotzdem ist es aber sowohl möglich, eine überschlägige, vorausschauende Jahresplanung zu machen – zumindest in Tagen –, als auch darüber hinaus zu sagen, eine Veröffentlichung von dem und dem Umfang dürfte etwa so und soviele Tage in Anspruch nehmen, also »Kostenpunkt = X?« Einfacher ist's bei einem Firmenbesuch oder einem »qualifizierten« Auskunftsbrief. Ganz klar, daß auch hier anschließend ein überschlägiger Soll-/Ist-Vergleich erfolgt – *mit* oder gelegentlich auch *ohne* »Überraschungseffekt«.

Was hier möglich ist, müßte doch eigentlich auch auf jede andere administrative oder vielleicht wirklich kreative Arbeit übertragbar sein? Sie haben Recht!

Während man zu Anfangszeiten der Work Simplification auf diesem Sektor vielfach Hemmungen zeigte, »Vorgänge« kostenmäßig zu bewerten, und den amerikanischen Begriff des »Work count« sehr vorsichtig mit »*Arbeitszählung*« übersetzte, gehört es heute *eigentlich zum »state of the art« des Controllers*, mit derartigen Anhalts-Werten zu operieren. Die GWA (vgl. Abschnitt 7) hat hierzu viel beigetragen, andererseits ist aber auch in anderen Bereichen die Entwicklung in die gleiche Richtung gelaufen:

Man denke nur daran, wie selbstverständlich es heute ist, für Zwecke eines Projekt-Managements detaillierte Zeitaufschreibungen zu machen, nicht nur um Projekte abzurechnen, sondern auch, um daraus brauchbare Anhaltspunkte für weitere Projekt-Vorkalkulationen zu gewinnen.

Weiterhin: *Kostenbewußtsein* wird heute allgemein groß geschrieben. Wie soll ein solches aber überhaupt entstehen, wenn der *Ersteller*, ganz besonders aber natürlich auch der *Empfänger* einer Leistung vielleicht nur andeutungsweise – oder eben gar nicht – weiß, was diese Leistung (ihn bzw. das Unternehmen) kostet?

Konstruktionsstunden gelten allgemein als teuer – nicht erst seit CAD! Auch hier muß das oft pauschal eine Leistung anbietende Unternehmen wissen, wie hoch der wahrscheinliche Konstruktions-/Ingenieuraufwand sein wird und mit welchem Kosten(stellen)-Satz er zu bewerten ist.

Gleiches gilt für den gesamten Bereich Forschung und Entwicklung, schließlich aber auch für Beschaffung, Vertrieb und Logistik. Was kostet eine Anfrage, eine Bestellung, ein Kundenbesuch, ein Akquisitionsgespräch, eine Werbung, ein Ein- und Auslagerungsvorgang, eine Stunde Durchlaufzeit, ein Arbeitsplan, eine Stückliste (vielleicht besser ein Arbeitsgang, eine Stücklistenposition?), ja sogar die Abwicklung eines kompletten Auftrags im Vertrieb-Innendienst oder gar in der Verwaltung? Dies sind die Vorgangs- oder Prozeß-kostensätze.

An dieser Stelle kommt gern das alte Argument:

»Aber Auftrag ist nicht gleich Auftrag, selbst Bestellung nicht gleich Bestellung, ja sogar Kontierung einer Eingangsrechnung nicht gleich Kontierung einer Eingangsrechnung...«

Antwort: Legen Sie ggf. *Standardvorgänge* fest und variieren Sie nach Schwierigkeitsgrad, Umfang o.ä.

Motto: Besser eine grobe Meßlatte, als gar keine – nach dem Prinzip: »If you can't measure it, you can't manage it.«

Ähnlich wie an eine mittlerweile selbstverständlich gewordene Betriebsdatenerfassung (BDE) ist an eine Verwaltungsdatenerfassung »VDE« zu denken und dann danach zu handeln. Denn: »Die Tat folgt dem Gedanken wie der Karren dem Ochsen« (chinesisches Sprichwort). Je mehr mit Hilfe von Datenverarbeitung in den Unternehmen geschieht, desto eher ist gewährleistet, daß solche Standards of Performance (SoPs) zwangsläufig anfallen – also ohne, daß zusätzliche Aufschreibungen »im Notizbuch« gemacht werden müssen.

In einem RKW-Arbeitskreis*, in dem der Verfasser mitarbeitete, wurde bereits 1982 versucht, für den gesamten Bereich der Verwaltung eines mittelständischen Industriebetriebs, untergliedert nach

- Bestellabwicklung,   – Datenverarbeitung,
- Rechnungswesen,   – Schreibdienst/Textverarbeitung,
- Auftragsabwicklung,   – Vervielfältigung,
- Personalverwaltung,   – Post/Telex/Telefon sowie
- Organisation,   – Registratur

zunächst *Mengendaten* zu erfassen, um daraus – nämlich über die zugehörigen Kosten – solche »standards of performance« zu gewinnen.

Die entsprechenden D a t e n e r h e b u n g s b ö g e n – am Beispiel »Gesamtunternehmensverwaltung« und des Teilgebiets »Bestell-abwicklung« – sind auf den nächsten beiden Seiten 77 und 79 zur Anregung, ähnlich vorzugehen, abgedruckt.

---

* vgl. Literaturhinweis Kurpjuhn/Schmid...

Unternehmen und Verwaltung		
Mengen- und wertmäßige Datenaufnahme		
Zeile	Einheit	Lfd. Jahr
1 Verwaltungskosten	T€	
2 Gesamtumsatz	T€	
3 Verwaltungsquote (1:2)*100	%	
4 Personalkosten in der Verwaltung	T€	
5 Gesamtpersonalkosten des Unternehmens	T€	
6 Verwaltungskostenquote (4:5)*100	%	
7 Mitarbeiter in der Verwaltung	Zahl	
8 Gesamtbelegschaft des Unternehmens	Zahl	
9 Verwaltungspersonalquote (7:8)*100	%	
10 Gesamt-Lohnempfänger Produktion	Zahl	
11 Angestellte Produktion	Zahl	
12 Lohnempfänger Verwaltung	Zahl	
13 Gehaltsempfänger Verwaltung	Zahl	
14 Rest Gehaltsempfänger	Zahl	
15 Führungskräfte in der Verwaltung	Zahl	
16 Führungsspanne (7:15)	Zahl	
17 Verwaltungskosten / VW-Mitarbeiter (1:7)	T€	

Weitere derart breit angelegte Versuche sind dem Verfasser nicht bekannt geworden.

Innerhalb der VDMA-Umfragen werden aber seit langer Zeit – praktisch für alle wichtigen Funktionsbereiche – regelmäßig auch solche Anhaltswerte miterhoben.

Spätestens aber seit der »Entdeckung« des Benchmarking haben sie in den Unternehmen plötzlich völlig neues Gewicht bekommen.

Eines hat sich dabei allerdings deutlich immer wieder gezeigt: *Zwischenbetriebliche Vergleiche* sind auf diesem Gebiet sehr fragwürdig. Sie sollten nie als »Vorgaben«, sondern höchstens als »Orientierungsgrößen« verwendet werden!

So schwankte im Rahmen der o.a. RKW-Befragung z.B. der *Verwaltungskostenanteil* (bezogen auf den Umsatz) zwischen 3 und 30 % (»sparsamer« Spezialmaschinen-Hersteller einerseits, personalintensives Verlagsunternehmen andererseits), auch der Durchschnitt zwischen 10 und 20 % gibt wenig Anhaltspunkte zur Frage: »Was wäre für den Einzelfall möglicherweise angemessen?«

Gleiches galt für den durchschnittlichen *Personalanteil* der Verwaltung: 8 % als untere Grenze (z.B. Feinmechanik, Holzverarbeitende Industrie, Schmuckherstellung), nahezu 100 % wieder beim Verlagsunternehmen, mittleres Streuband etwa zwischen 20 und 30 %.

Ganz schlimm wurde es aber bei den »*Kosten-Preisen*« einzelner Bereiche, also bei dem, was wir im Zusammenhang mit dem Thema »standards of performance« eigentlich angestrebt hatten:

(1) *Kosten einer Bestellung* (Einkauf)

zwischen € 15,– bzw. 20,– bei Metall- und Gummi-Industrie sowie beim Fertighaus-Hersteller und € 230,– bei einem feinmechanischen Unternehmen – hier ist ganz offensichtlich »Bestellung tatsächlich nicht gleich Bestellung« –, der Durchschnitt dürfte – wie im Maschinenbau – so zwischen € 50,– und 70,– liegen (»Ausreißer« aber auch hier gegen € 200,–)

(2) *Kosten einer Buchung* (Finanzbuchhaltung)

zwischen weniger als € 2,– (Elektronik- und Metallindustrie, Verlag, Fertighaus-Hersteller) und € 15,– bis 20,– (Unternehmen der Holzverarbeitung und Pinselhersteller), mittleres Streuband zwischen € 4,– und 8,–.

Bestellabwicklung		
Mengen- und wertmäßige Datenaufnahme		
Zeile	Einheit	Lfd. Jahr
1	Anfragen	Zahl	
2	Angebote	Zahl	
3	Bestellungen	Zahl	
4	Reklamationen / Mahnungen	Zahl	
5	Buchungen Lieferantenartikel	Zahl	
6	Buchungen Materialstamm	Zahl	
7	Rechnungen	Zahl	
8	Vorgänge Einkauf (1 bis 7)	Zahl	
9	Lieferanten	Zahl	
10	Einkaufsartikel	Zahl	
11	Ø Positionen je Bestellung	Zahl	
12	Lagermaterial	T€	
13	Auftragsmaterial	T€	
14	Fremdleistungen	T€	
15	Geringwertige Wirtschaftsgüter	T€	
16	Investitionsgüter	T€	
17	Sonstiges	T€	
18	Einkaufsvolumen (12 bis 17)	T€	
19	Kosten Bereich Einkauf	T€	
20	Ganztagsbeschäftigte	Zahl	
21	Teilzeitbeschäftigte	Zahl	
22	Einkaufspersonal	Zahl	
23	Einkaufskosten je Vorgang (19:8)	€	
24	Vorgänge je Mitarbeiter (8:22)	Zahl	
25	Bestellhäufigkeit (3*11):10	Zahl	
26	Einkaufskostenquote (19:18)*100	%	
27	Bestellkosten (19:3)	€	

Je globaler man den Standard wählt, desto größer natürlich die Bandbreite.

Als *Anteil* der *Auftragsabwicklungskosten* (bezogen auf den Umsatz) wurden in der gleichen Unternehmung genannt:

von 0,5 % (Gummi- bzw. Wellpappenhersteller) bis über 5 % (Feinmechanik, Pinselhersteller), beim Einzelfertiger des Maschinen- und Anlagenbaus (mit Projekt-Management) dürften es noch sehr viel mehr sein. Im Durchschnitt lag der Wert zwischen 1,5 und 3 %.

Für *firmeninterne Zeitvergleiche,* ggf. auch für Quervergleiche im Rahmen einer größeren Unternehmensgruppe (wenn die Unternehmen wirklich vergleichbar sind), versprechen derartige Ansätze i.d.R. verständlicherweise mehr Erfolg.

Hier ist es sogar denkbar, z.B. im Rahmen von »Make-or-Buy-Überlegungen« das eventuelle Verlagern von Tätigkeiten über den Vergleich *»eigene Kosten/Marktpreise«* vorzunehmen.

Auch auf diesem Sektor ist allerdings fundiertes Zahlenmaterial spärlich (z.B. Schreiben einer A4-Seite, Buchung im Fremd-Rechenzentrum, Fotokopie oder Druckauftrag, Werbegrafik oder Desk-Top-Publishing, Lohn- und Gehaltsabrechnung, Faktura u.ä.).

Um zu brauchbaren *Standards* für das eigene Haus zu kommen, kann dennoch die o.a. Vorgehensweise empfohlen werden. (Sie taucht übrigens auch in Schritt 3 der GWA wieder auf.)

Neben solchen *Mengenangaben* sind inzwischen aber auch die *Zeiten* – mangels besserer Vergleichswerte? – wieder stärker in den Vordergrund gerückt (Wettbewerbsfaktor »Schnelligkeit«).

Auch das folgende »historische« Beispiel aus 1971 war damals für viele von uns »WS-Aktivisten« geradezu ein »Aha-Erlebnis«.

Beispiel: *Wie lange braucht eine Lieferantenrechnung in einem Großbetrieb, bis sie zur Zahlung angewiesen wird?*

Selbst bei einem gut organisierten Unternehmen kam man damals gut und gern auf *drei bis vier Wochen.* Kein ernsthafter Mensch wird aber behaupten wollen, daß so lange an dieser Rechnung gearbeitet wird. Alle Bearbeitungsstufen an dieser Rechnung zusammengefaßt, ergeben allenfalls ein bis zwei Stunden Bearbeitungszeit. Wofür benötigen wir also die restlichen 100 oder mehr Stunden? Zunächst einmal ist klar, daß nicht jeder, der die Rechnung in die Hände bekommt, nichts anderes zu tun hat, als diese Rechnung sofort zu bearbeiten. Er wird vielleicht zuerst einmal die bereits angefangene Arbeit beenden wollen, sofern nicht ein Vorgang mit »Alarmstufe 1« versehen ist. Diese *Liegezeiten* setzen sich nun von Stelle zu Stelle in gleicher Weise fort. Das bedeutet, daß der Wechsel von einem Platz zum anderen notgedrungen Verzögerungen mit sich bringt; es sind die *berühmten »Nahtstellen«* zwischen den einzelnen Bearbeitungsstationen, die sich auch bei versuchter besserer Abstimmung der Arbeiten untereinander nie ganz kompensieren lassen werden.

Dazu kommt noch ein zweites: Selbst wenn der Sachbearbeiter sofort an den Vorfall gehen sollte, tut er das ja nicht als isolierte Einzelaktion; ihm wird u.U. ein Tagespensum oder ein gewisses Los zugeteilt, das er sich insgesamt vornimmt. Auch dieses Los ist also für die langen Zwischenzeiten verantwortlich. Vor dem »Losgedanken« in den verschiedenen Bereichen warnen Cox und Goldratt in ihrem faszinierenden Buch, das auch für Controller lesenswert ist.[*]

Diese Überlegungen, die man schon lange bei der Maschinenbelegungsplanung berücksichtigt, werden einem bei Vorgängen im Büro meist viel zu selten bewußt. Was alles liegt und lagert, ergibt ungeheuer viel Zeitbedarf.

Heute ist man zum Glück dank Datenverarbeitung und Bildschirmdialog sehr viel beweglicher geworden. Darüber hinaus werden heute Zahlungen meist »unter Vorbehalt« angewiesen, um Skontovorteile auszunutzen.

Aber: Gilt die Überlegung, *Durchläufe zu beschleunigen,* eigentlich nicht generell und allerorten? Selbst in der E-Mail.

---

[*] Cox/Goldratt: Das Ziel...

Die in den Unternehmen geleisteten, meist recht erfolgreichen Bemühungen im Bereich der Materialflußgestaltung (»Fluß kommt von Fließen, nicht vom Liegen!«) bis hin zu Kanban, Just-in-Time u.Ä. sprechen eine beredte Sprache.

Im eigentlichen Verwaltungsbereich bleibt sicher nach wie vor auch in dieser Richtung noch einiges zu tun.

Doch wer ist hierfür eigentlich letztendlich »zuständig«?

Der (hauptamtliche) Organisator, die Fachführungskraft, der GWA-Beauftragte, der Controller – oder schlicht und einfach: »Jeder an seinem Platz«? Wenn man »TQM« ernst nimmt, ist die Antwort klar! Also fangen Sie doch schon mal damit an!

Aus diesem Grunde auch an dieser Stelle nochmals ein paar »Kernsätze« aus der alten WS (Work Simplification):

- Durchlaufzeiten sind i.d.R. viel *zu lang*.
- Man sollte daher alles daransetzen, sie zu *verringern*.
- Dazu ist es zunächst einmal erforderlich, sie zu *erkennen* und *transparent zu machen* (z.B. über einfache Aufzeichnung, über ein Durchlaufdiagramm, vielleicht auch über präzisere Methoden wie GWA und KIWA).
- Sind Engpässe daran schuld, so müssen sie behoben werden.
- Meist sind es aber *andere Faktoren*, wie z.B. einfaches »Nicht-Wissen«, Störungen, Unterbrechungen, Unregelmäßigkeiten, vielleicht auch eine gewisse »Wurstigkeit«, die sich im Zeitablauf »hochschaukeln«. Hier geht kein Weg vorbei, das »System« muß möglichst rasch und problemlos geändert werden!
- »Zeit ist Geld« – das gilt auch für unternehmensspezifische Abläufe, hier muß ggf. der Controller sogar ein wenig »seelsorgerisch« und beratend informativ tätig werden.
- *EDV-technische Lösungen* (z.T. auch »nur« PC's) können, was die Durchlaufzeitbeschleunigung angeht, sicher viel bewegen, aber man sollte sich nicht ausschließlich auf diese »Helfer« verlassen.

Welchen spezifischen Ablauf aus Ihrem Einflußbereich haben *Sie in letzter oder werden Sie in nächster Zeit beschleunigen* können?

Gerade bei Mengen und Zeiten* sind also hervorragende Ansatz-punkte – sozusagen »zero based« – vorhanden, solche Analysen zur Erarbeitung von Kostenbudgets zu nutzen.

Das setzt aber immer wieder voraus, daß der Controller – ähnlich wie der Verkäufer seine externen Kunden – seine internen »Kunden«, d.h. z.B. *die Kostenstellen- und Bereichsverantwortlichen besucht*, um mit ihnen in gewissen Abständen oder fallorientiert (anlaßorientiert) Basisdaten, Ergebnisse und Abweichungen zu besprechen – nach dem Motto: »*All business is local.*«

»Telefonverkauf«, in letzter Zeit stärker empfohlen, bringt hier nicht ganz das gleiche, vielleicht geht's aber irgendwann mal per Video-Konferenz, vor allem bei größeren Distanzen (»Distanz« hier nicht persönlich gemeint) – vorerst mehr mit E-Mails.

Entscheidend ist, wie vor allem die Erfahrungen mit der GWA zeigen, daß der Anstoß ruhig von »außen« kommen darf, daß die »Betroffenen« aber von sich aus auch genügend motiviert sind, unnützen Kosten und auch Zeiten den »Krieg zu erklären«.

Insofern ist das alte »work account« tatsächlich die »Urzelle« heutiger GWA- und wohl auch ZBB-Methodik.

Anschließen muß sich dann zwangsläufig die *Strukturkosten-Analyse* und natürlich auch die *Strukturkosten-Verbesserung* (Abschnitt 6).

Mit der häufigeren Anwendung zumindest einiger der hier aufgezeigten Hilfsmittel ist eine gewisse Gefahr gebunden, die Gefahr, daß man diese Instrumente, deren Gebrauch einem »in Fleisch und Blut« übergegangen ist, nach kurzer Anlaufzeit mehr oder weniger schematisch anwendet.

Instrumente sind aber nur dazu gedacht, daß man sich zwar ihrer bei Bedarf bedient, aber sich von Zeit zu Zeit immer wieder erneut darüber klar wird, ob sie für die gedachte Aufgabenstellung tatsächlich geeignet sind. Sie sollten schnellstens ausgetauscht werden, wenn sie völlig versagen oder sobald es »preiswerte« bessere

---

* Zum Thema »Informations-Durchlaufzeiten« vgl. Stichwort »KIWA« in Abschnitt 9 sowie Anlage 3.

auf dem Markt gibt. Dies gilt natürlich auch für die schon »klassische« WS-Toolbox.

Hinzu kommt, daß erfahrungsgemäß die Aufgabenstellungen in Organisation wie beim Controlling umfassender und vielschichtiger werden, so daß – allerdings oft scheinbar – die Beschäftigung mit augenscheinlich »kleinen Dingen« von der Beachtung des Gesamtgeschehens ablenkt.

Dazu wurde an anderer Stelle schon einmal einiges gesagt. Generell kann man aber sicher feststellen, daß hier einfach ein gewisser Kompromiß gefunden werden muß zwischen »Gesamtschau« und trotz allen für ein Projekt wichtigen Details – vergleichbar dem Projekt-Struktur-Plan im Anlagen- und Projektgeschäft. Wo auch nur eine dieser verschiedenen Facetten fehlt, ist der Erfolg schnell in Frage gestellt. Schließlich sollte man auch immer daran denken, daß es Menschen sind, die mit diesen Instrumenten umgehen sollen, die den Einsatz dieser Instrumente verstehen und »begreifen« sollen, die in dieser Richtung folglich auch immer motiviert werden müssen. Durch wen? Durch Sie. Ist das nicht eine »spannende« und reizvolle Aufgabe?

Abschnitt 6

Strukturkostenanalyse

Die meisten Beispiele und Methodenvorschläge zur Arbeitsvereinfachung betreffen den Komplex der Strukturkosten; der »fixen« Kosten. Das gilt besonders für die Beispiele zur Anwendung der *Arbeitsverteilungsübersicht*. Das Geflecht der Abteilungsaufgaben, der Mitarbeitertätigkeiten sowie das Strukturbild der Arbeitsverteilung sind überwiegend zugleich »Röntgenbilder« für die Strukturkosten. Auch die Beispiele zur Analyse und Verbesserung der Arbeitsabläufe sind häufig Bürotätigkeiten gewidmet. Doch »Fix«kosten ist kein gutes Wort mehr, weil es immer an die mathematische Konstante erinnert. Deshalb die Bezeichnung Strukturkosten – abgekürzt Struko.

1. Arbeitsvereinfachung und »Zero Base Budgeting«

Damit sind die geschilderten Methoden getreu dem Prinzip von Zero Base Budgeting (ZBB) aufgebaut. Dort heißt es ja, daß man »*von Null her*« oder von Anfang an planen soll. Budgets sollen nicht in der Weise aufgestellt werden, daß man Gewesenes auf die Zukunft extrapoliert. Hinter den Zahlen der Kostenbudgets müssen Aufgaben stehen und Maßnahmen. Dies richtet sich nach folgendem *Orientierungsbild* auf der nächsten Seite.

Hinter den *Personalkosten* stehen die Aufgabenstrukturen. Sie zu durchleuchten und zu verbessern ist Angelegenheit des Arbeitsvereinfachungs-Werkzeuges Arbeitsverteilungskarte mit Aufgabenliste und Tätigkeitenlisten. Hinter den Sachkosten stehen die Maßnahmenabläufe. Sie spiegeln sich wider in den Bearbeitungsvorgängen auf der *Arbeitslaufkarte. Die Standards of Performance* als »Kennzahlen-Antenne« auf dem Dach des Kostenblocks (Strukturkostenblocks) setzt die im Kapitel zur *Arbeitszählung* genannten Gedanken, Ansatzpunkte und Beispiele fort. »If you can't measure it, you can't manage it.« Man muß versuchen, für die *Strukturkosten Leistungsarten zu finden*, mit denen sie »controllable« zu machen wären. Um die Kostentreiber zu »kriegen«, sog. standards of performance/SOP's. Die Kostentreiberfrage folgt aus der Überlegung, für wen etwas performed = vollbracht wird.

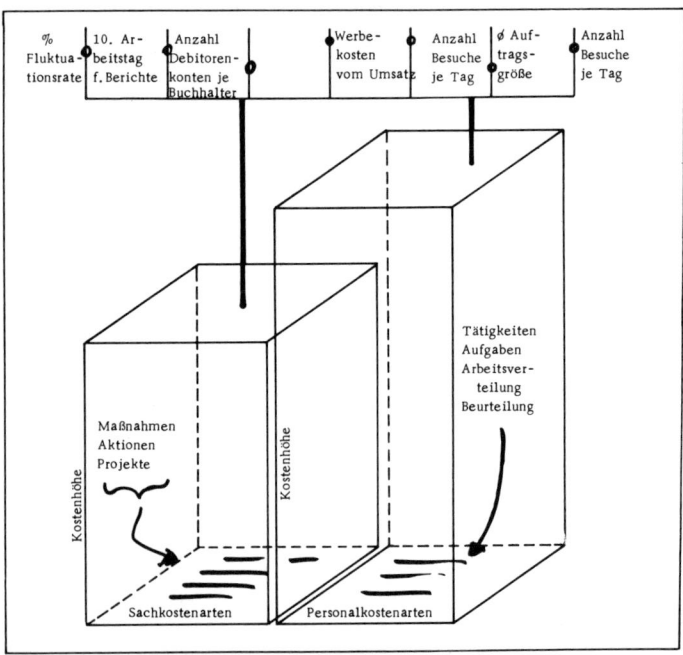

Gegen ZBB wäre z.B., daß man einfach ein Budget aufbaut für Werbekosten in Höhe von etwa 5 % vom Umsatz. Und wenn man dann hinzufügen würde, »was wir dann tun werden, wird sich schon herausstellen«. So etwa nach dem Grundsatz »schnell budgetiert, richtig wird's von selbst«. Natürlich kann man mit so einer Kennzahl von 5 % die Angemessenheit der Höhe eines Werbeetats prüfen und vergleichen. Aber erst einmal wären die Werbekosten ausgehend von der Projektplanung aufzubauen. Muß dann ein Teil des Etats gekürzt werden, weil insgesamt finanziell nicht machbar, dann geht es nicht darum, Luft aus »zu warm angezogenen Budgets« herauszupressen, sondern es sind Teile der Maßnahmen, die ursprünglich vorgesehen gewesen sind, zu unterlassen – also müssen Prioritäten gebildet werden. Das wieder geht nur dann, wenn die Maßnahmen auch vorher strukturiert worden sind.

Die Methodik der Arbeitsvereinfachung paßt deshalb besonders gut für ZBB-Anwendungen (zero based budgeting; identisch mit activity based cost/abc), weil sie den Gedanken fördert, *anlaßorientiert* vorzugehen. Beharrliches, kontinuierliches Anwenden – gerade auch im Sinn des Do-it-yourself – liegt im Sinne der vorsorgetherapeutischen *Kostenverhinderungsplanung.* Macht man das nicht, so wird eben kampagneartig mit »Cut-off-Points« ein chirurgischer Einschnitt sich nicht vermeiden lassen. Bloß solche Kampagnen brauchen ihrerseits wieder ein Budget und könnten zusätzlich trouble machen – und wenn es bloß aus Mißverständnissen ist.

Jedoch ist das Benutzen von sich bietenden Anlässen nicht immer so spektakulär – dafür aber langfristig wirksam. Vor allem weil es auch *die Mündigkeit der Kostenstellenverantwortlichen selber fördert.* Das Beherzigen des Slogans »auch kleine Fische lohnen sich« macht sich auch in diesem Zusammenhang bezahlt.

Es liegt in der Philosophie von »ZBB«, *mit der Kostenbeeinflussung zu beginnen, bevor Kosten entstanden sind.* Das Null-Stadium von Kosten sind die Investitionen. *Investitionen von heute sind die Kostenstellen von morgen; und die Kostenstellen von heute, die ergaben sich doch aus Investitionen von gestern.*

»Investition« darf man jetzt aber nicht nur im engeren Sinn mit Zugängen zum Sachanlagevermögen gleichsetzen. Die vielleicht bedeutsamere Investition ist diejenige in die *Personalkapazität.* Typisch »Zero Based« wäre es, wenn bei Personalanforderungen *nicht nur der Ergänzungsbedarf durch Aufgaben, Maßnahmen und Standards of Performance begründet, sondern gleich die ganze Abteilung oder Gruppe in ihrem Aufgabengefüge durchleuchtet würde.* Das wäre genau von »Null her« geplant.

Muß es sein, daß ein neuer Kollege/Kollegin ins Team hinzukommt? Lassen sich die Aufgaben anders strukturieren? Läßt sich

»work smarter, not harder« anwenden? Sieht man Chancen zur Verbesserung bloß deshalb nicht, weil man es immer schon so gemacht hat? *Vieles sieht man ja nur deshalb nicht, weil man es täglich sieht.* Die Schrittmacher der Arbeitsvereinfachung dienen gerade *der Organisation des gesunden Menschenverstandes.*

Und dann kommt die Frage hinzu, ob man das Leistungsniveau – den Service-Level – einer Tätigkeit gerade im Fixkostenbereich/ Strukobereich (Overhead-Bereich, Gemeinkosten-Bereich) nicht abmagern soll. Dies geschieht mit der Spielregel *»Konsequenzen, falls nicht...«* (Originalsprache von Zero Base Budgeting: »Consequences of not funding«). – So gesehen, wäre auch ein *Ersatzbedarf für einen ausscheidenden Mitarbeiter nicht selbstverständlich klar.* Häufig ist es ja so, daß Planstellen, die schon bestehen, fraglos weiterhin akzeptiert werden. Warum eigentlich? Man könnte doch auch in diesem Falle erwägen, ob die seitherigen Arbeitspakete beibehalten werden oder nicht auf ein Teil des Leistungsvolumens verzichtet werden soll. Was passiert, wenn oder wenn nicht? Man spricht hier auch vom *Leveln bei den fixen Kosten bzw. Strukturkosten.*

Das läßt sich auch grafisch veranschaulichen durch eine Variation des schon gezeigten Kostenblockbildes. Man könnte die Kosten herunterleveln – oder auch erwägen, das Leistungsniveau zu erhöhen. Das Bild wirkt so ähnlich, wie untereinander stellbare Tischchen, bei denen jeweils ein weiter unten stehendes ein niedrigeres Niveau hat als die darüber sich befindlichen (Anschauungsmobiliar für das Controlling der fixen Kosten/Strukturkosten).

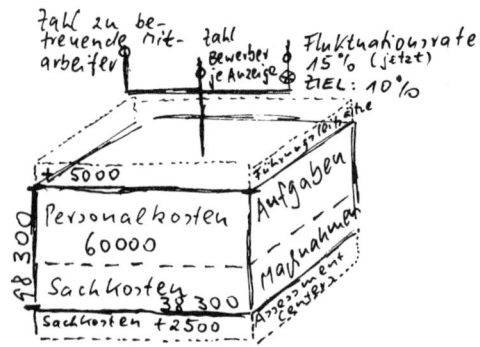

2. Controller's Kostenwürfel und die Beeinflussung der Strukturkosten/Fixkosten

Das Wort »fixe Kosten« hat allerdings für dieses Thema eine Dornröschenhecke um sich herum. Fixkosten heißt ja fixiert. Da kann man nichts machen. Das Wort selber signalisiert erst einmal, daß »Beeinflussung der fixen Kosten« so etwas sein muß wie ein weißer Rappe oder ein schwarzer Schimmel – also etwas, was sich vom Wort her ausschließt. Lustig ist aber immerhin, daß es das Wort fix auch im Sinne von schnell gibt. Ich bin ganz fix da, heißt

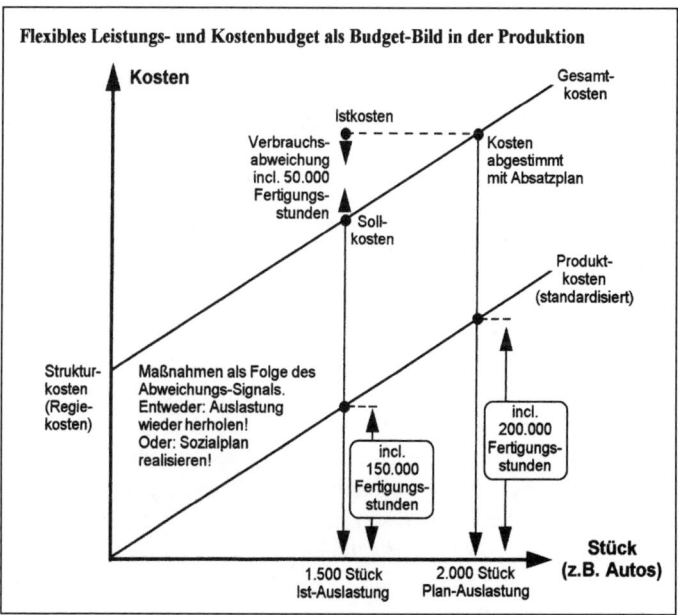

Das Beispiel zeigt ein Produktionsbudget im Soll-Ist-Vergleich bei Minderauslastung. Die Standardprozeßzeit für das Auto beträgt in der Grundausführung des Modells 100 Stunden. Die ProKo für 2.000 Stück enthalten 200.000 Stunden. Im Rückwärtsgang sind 50.000 Stunden nicht ausgelastet (»costs of idle capacity«). Die ProKo sind nicht so schnell **beeinflußbar,** wie die technische Verbrauchsfunktion es an sich ermöglichen müßte. **Kostenwürfel!**

ja, daß man schnell da ist. Und manche »Fixkosten« sind »äußerst fix« auch wieder verändert. Das beginnt ja bei einem gemachten oder unterlassenen Telefongespräch, einer gemachten oder unterlassenen Reise oder mit einem Arbeitsessen bei Wasser und Brot anstatt mit 3 Gängen – activity based cost. Deshalb entsteht zunehmend der Sprachgebrauch »*Strukturkosten*«, von denen manche leistungsmengeninduziert sind.

Die Worte »variabel«, »proportional« bei den Kosten oder auch das Wort »Grenzkosten« – gegenüber den Fixkosten – stammen aus der Wiegenzeit der Deckungsbeitragsrechnung. Kinder bekommen einen Namen, wenn sie auf die Welt kommen, und nicht wenn sie schon 120 Jahre gelebt haben. So ist es auch bei den Kosten-Ausdrucksweisen. Die Worte kamen bei der Geburt – vielleicht bei der Zeugung; die Mathematik war die Patentante. Im Laufe des Kosten-Beeinflussungslebens passen sie aber dann nicht mehr so ganz vom Wortsinn aus.

Die proportionalen Kosten – inzwischen *Produktkosten* genannt – folgen dem gezeigten Orientierungsbild. Es geht um eine Proportion zwischen Kostenverlauf und Leistungsausstoß. Dieser Winkel drückt *eine technische Verbrauchsfunktion* aus – eine Kosten-Kausalität, wenn ein Herstellprozeß läuft – also extern zu verkaufende Produkte physisch erzeugt (hervorgeführt = pro duco) werden sollen. Die proportionalen Kosten/Produktkosten spiegeln wider Materialstrukturen und Zeitgerüste im Herstellprozeß eines zu verkaufenden Produkts (was auch eine Dienstleistung sein kann). Die proportionalen Kosten stehen ja vor dem Deckungsbeitrag I. Der Deckungsbeitrag I ist die Differenz aus Erlös vom Markt her und den proportionalen Kosten oder Grenzkosten oder *Produktkosten*. Einen Erlös holt ein zu verkaufendes (oder verkauftes) Produkt/ Leistung. Zu ihrer physischen Existenz/auch zu ihrer Problemlösungs-Existenz ist nun der Einsatz der sog. proportionalen Kosten nötig – und zwar um so mehr, je mehr Produkte dieses Typs physisch auf die Welt kommen sollen – umgekehrt aber auch um so weniger, je weniger auf die Beine gestellt werden. Daß dann Mitarbeiter, die im Fertigungslohn zu den proportionalen Kosten/Produktkosten gehören, nicht gleich auf die Straße gestellt werden, hat

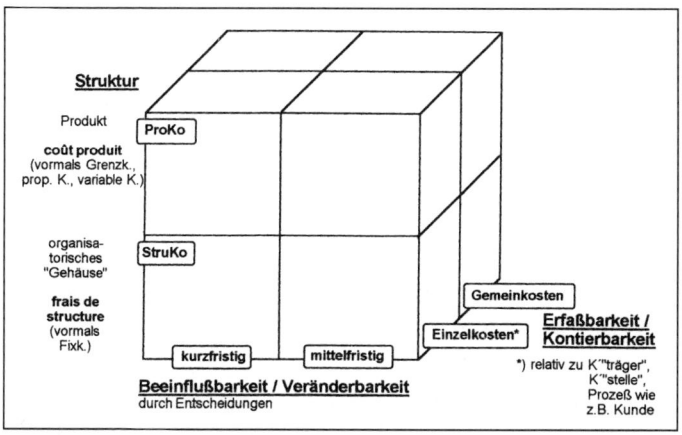

Struktur

Produkt

coût produit
(vormals Grenzk.,
prop. K., variable K.)

ProKo

organisa-
torisches
"Gehäuse"

StruKo

**frais de
structure**
(vormals
Fixk.)

kurzfristig | mittelfristig

Beeinflußbarkeit / Veränderbarkeit
durch Entscheidungen

Gemeinkosten

Einzelkosten*

**Erfaßbarkeit /
Kontierbarkeit**

*) relativ zu K'"träger",
K'"stelle",
Prozeß wie
z.B. Kunde

nichts mit proportional und fix zu tun, sondern mit der Beeinflußbarkeit. So ist der Salärvertrag und sind die Kündigungsfristen
völlig irrelevant für die Gliederung nach proportional und fix/Pro-
dukt- und Strukturkosten. Maßgeblich allein ist die *Art der Tätigkeit* (activity based cost). Handelt es sich um eine Tätigkeit im
Herstellprozeß eines zu verkaufenden Produkts? Oder handelt es
sich um eine Tätigkeit im *organisatorischen Gehäuse?*

Das führt zu einer mehrdimensionalen Kostenbetrachtung im
Sinne eines *morphologischen Kastens.* Der morphologische Kasten
dient dazu, 3 Perspektiven gleichzeitig zu sehen und Kombinatio-
nen zu finden, an denen man bei reiner Schwarz-Weiß-Malerei sonst
vorbeigegangen wäre. So läßt sich der Themenkomplex der Kosten
nicht lösen dadurch, daß man in einem Kostenbudgetformular einfach eine Gliederung nach proportional und fix veranstaltet. Damit
ist *die Struktur des Herstellprozesses* nackt herausgemeißelt – aber
das Thema der *Beeinflußbarkeit der Kosten* ist damit nicht erledigt.
Auch die fixen Kosten – z.B. Hilfslöhne für Reinigen, Herumste-
hen, Reparaturen in eigener Stelle sind beeinflußbar. Oftmals ja gerade die. Also ist das Kostenthema »vernetzt« in drei Perspektiven.
Mit dem neuen, zunehmend sich einfädelnden Wort *Strukturkosten*
gibt es auch keine sprachlichen Schwierigkeiten mehr.

Diese »vernetzten« Gesichtspunkte im Kostenberichtswesen zu vertreten, ist typisch eine Anwendungsaufgabe des Controllers.

Der Kostenwürfel bildet ein Bühnenbild fürs Kostengespräch. Nach dem Bild des Kostenwürfels sind Kostensachverhalte zu ordnen nach

1. dem *Kostencharakter* von proportional und fix – charakterisierend mit
   a) »proportional« den in Kosten ausgedrückten Herstellprozeß eines zu verkaufenden Produkts *(»Produktkosten – ProKo«)*.
   b) »fix« die Struktur des organisatorischen Gehäuses *(»Strukturkosten – StruKo«)*.

2. der *Kostenbeeinflußbarkeit* nach kurz-/mittel-/langfristig (auch nach der hierarchischen Kompetenz, entsprechende Maßnahmen zu veranlassen);

3. der *Kontierbarkeit* der Kosten als »Einzelkosten« relativ zu
   a) Kostenträger (-Gruppe),
   b) Kostenstelle
   c) beidem (wie z.B. der Fertigungslohn, der deshalb von alters her die Zuschlagsbasis für die Fertigungsgemeinkosten gewesen ist).
   d) Kunde/Region
   e) Hauptprozeß.

Alles das, was nicht jeweils Einzelkosten ist, gehört zu den Gemeinkosten – aus der Sicht des jeweiligen Kontierungs-«Centers«, sei es Auftrag (Projekt) oder Stelle (Abteilung) oder Prozeß.

Mit dem einen Thema sind die beiden anderen nicht so nebenher »erledigt«. Jede Perspektive beansprucht die ihr zukommende volle Aufmerksamkeit. Das hat man sprachlich oft durcheinandergemischt. So suggeriert das Wort »variable« Kosten, als seien es einfach die beeinflußbaren, bei Schwankungen in der Beschäftigung im Ausgabenbudget dazukommenden oder wegfallenden (ausgabewirksamen) Kosten. Natürlich gehört aus dieser Sicht der Lohn »am Stück« dann nicht dazu. Nur ist man jetzt von der senkrechten auf die waagrechte Achse des Kostenwürfels gewandert. Der Fertigungslohn steht im Kostenwürfel rechts oben (unter proportional/Produktkosten sowie unter längerfristig beeinflußbar).

Ferner ist der Fertigungslohn »vorne« im Kostenwürfel – weil als Einzelkosten relativ zum Auftrag (Kostenträger) erfaßbar. Deshalb heißt es in amerikanischen Beispielen oft »direct costs«, was wörtlich genommen auch wieder zu Irrtümern führt. Es gibt auch direkte Fixkosten/Strukturkosten, z.b. artikeltypische Werbekosten und Anwendungsetats, das Gehalt eines Produkt-Managers, das Salär eines Projektleiters (Baustellenleiters) oder nicht verschleißende, auftragsgebundene Modell- oder Bemusterungskosten.

Zur Terminologie: Es mag sich allmählich als sinnvoll herausstellen, die mathematisch geprägten Ausdrucksweisen »proportionale Kosten« und »Grenzkosten« (tangens des Steigungswinkels der Proportionalkostenlinie) durch konkretere Ausdrucksweisen zu ersetzen – vor allem soweit es die betriebliche »Haussprache« betrifft. *Dann ließe sich »Grenzkosten« durch »Produktkosten« austauschen; »Fixkosten« durch »Strukturkosten«, Arbeitsvereinfachung am Produkt und Arbeitsvereinfachung in der Struktur des organisatorischen Gehäuses sind dann kostenrechnerisch besser verknüpft: »lean« product and »lean« overhead.*

Das folgende Formular zeigt ein *Strukturkostenbudget aus dem Vertrieb. Es sind Struktur-/Fixkosten, weil der Akquisition dienend.* Nicht *weil* man einen Auftrag ausführt, entstehen diese Kosten, sondern *damit* man einen Auftrag bekommt. Also gehören die Kosten des Verkaufsbüros ins organisatorische Gehäuse – zu den Strukturkosten. Trotzdem gibt es *»Bezugsgrößen« oder Leistungsarten für diese Kosten. Solche standards of performance sind der Art nach*

a) *Mengengrößen* wie z.B. »Zahl der Besuche« (man könnte auch gewichtete Standardbesuche vorsehen je nach Schwierigkeitsklasse der Kunden);

b) Leistungsarten/SOP's, die einen *Service-Level* ausdrücken wie z.B. …% Distributionsgrad;

c) *Angemessenheitskennzahlen* wie z.B. »in % vom Umsatz« ausgedrückte Kosten der Niederlassungen.

KOSTENPLAN

Bereich: Vertrieb

Kostenstelle / Verantwortungsbereich Verkaufsbüro Süd

Nr.:	Kostenart	Betrag	Standards of Performance
4020	Hilfslöhne (sauber machen)	300	Zahl m^2
4022	Lohnzuschläge		
4030	Kalk. Sozialkosten Löhne		
4120	Gehälter		
	Verkaufsleiter, Sekretärin	19.500	Umsatz
	Bodenstation, Kommunika-		% Marktanteil
	tion zum Stammhaus, strate-		Neukunden gewinnen
	gische Kundenbesuche		Zahl Reklamationen
	machen, Budget erstellen,		
	neue Kunden finden		
	Verkäufer	37.500	Umsatz
	5 Mitarbeiter; nach Verkaufs-		Anzahl Besuche: z.B. 600
	touren Kundenbesuche		(20 Arb.-Tage * 5 Verkäu-
	machen und Aufträge herein-		fer; folglich Kosten je
	holen		Besuch von 62,50)
			Distributionsgrad
4121	Überstundenvergütung		
4122	Zuschläge Gehälter		
4130	Kalk. Sozialkosten Gehalt	12.000	davon 7.500 für Verkäufer 12,50 je Besuch
4200	Sonstige Gemeinkosten	2.500	
4600	Bürobedarf und Tele- kommunikationskosten	4.000	
4800	Reisekosten	9.000	Bei 600 Besuchen folglich 15,- je Besuch
4900	KFZ-Kosten	8.400	Bei 600 Besuchen folglich 14,- je Besuch
Summe		93.200	

Kostensatz für den Prozess der Marktbearbeitung:

Personalkosten (ohne kalk. Kosten)	62,50	Personalkostensatz
anteilige kalk. Sozialkostenkosten	12,50	
Struko-Tarif für Sachkosten (15,-+14,-)	29,00	Sachkostensatz
Kosten je Besuch	104,00	Vorgangskostensatz

Beispiel einer administrativen Kostenstelle mit Leistungsbezug (Standards of Performance).

94

Für die Mengenleistungsarten lassen sich auch Kostensätze aufstellen. So kostet z.b. ein Verkäuferbesuch € 104,–. Das sind aber jetzt nicht »Grenzkostensätze«, sondern *Tarife für Fixkosten/ Strukturkosten* – sozusagen »Bemühungstarife« oder Prozeßkostensätze. Solche Angaben werden benötigt, um z.b. *bei der Kundendeckungsbeitragsrechnung* direkte Strukturkosten zu erfassen über Zahl der Vorgänge, mulitpliziert mit dem Standardkostensatz je Vorgang aus der Kostenplanung.

Für beide »Seiten« – für die Kosten wie für die Kennzahlen – ist dann *die Gegenüberstellung von Plan und Ist* zu organisieren. Driften die Leistungsgrößen nach abwärts, stellt sich die Frage, ob man die Kosten (und Köpfe) nicht redimensionieren kann. Klettern die »standards of performance« nach aufwärts, wäre eine höhere Dotierung der Stelle vorzusehen. Jetzt *wäre fällig, die Werkzeuge der Arbeitsvereinfachung* einzusetzen, um größere Transparenz zu gewinnen. Wer soll's tun? Der Stellenleiter – hier der Verkaufsbüroleiter – selber. Wer soll *ihm als »Anwendungstechniker« helfen? Der Controller* – vielleicht auch »sein« Controller in der (größeren) Niederlassung, manchmal »Bürochef« genannt.

3. Das »Leveln« der Strukturkosten (Fixkosten) nach Arbeitspaketen

Werkzeug dafür ist das folgende Formular. Es ist ein *Projektformular für anlaßorientiertes Vorgehen*, während das Kostenstellenbild des Verkaufsbüros Süd ein (monatlich) wiederkehrendes Formular darstellt.

Parallel zu den Kosten sind Aufgaben und Maßnahmen beschrieben. Dann folgen im Sinne der Arbeitszählung die Leistungskennzahlen – die »Standards of performance«.

Nach dem *Hebelsatz »Konsequenzen, falls nicht...«* wird das Kostenvolumen sodann *paketweise gelevelt*. Zuerst kommt ein *»Minimum Level«*. Das Minimum liegt dort, wo bei weiterem Unterschreiten die ganze Funktion vergessen werden kann.

"Decision-Package"-Formular nach Zero-Base-Budgeting

Entscheidungs-Paket Bereich: _____ Abt./Kostenstelle: _____ Verantw.: _____	Service- Level	Priorität (Rang)	Datum:
Aufgabe:	Budget	Lfd. Jahr	Budget Jahr
	Personal- stand		
	Personal- kosten	(1000)	(1000)
Beschreibg. d. Tätigkeiten:	Sach- kosten		
	Gesamt		.
Vorteile/Nachteile (Kosten/Nutzen-Analyse)			
Standards of Performance (Leistungskennzahlen)			
Konsequenzen, falls dieses Leistungsniveau nicht dotiert wird			

Alternativ kommt die Prüfung eines »*improvement level*«. Könnte/sollte man nicht eher mehr als weniger tun? Was kommt bei den Kosten hinzu; was bei der Leistung? Hat das erhöhte Leistungs- und Kostenbild eine hohe Priorität gemäß Unternehmensleitbild?

Selbst wenn es beim gegenwärtigen Kosten-Niveau bleibt, so hat sich die Analyse im Sinne der »Wenn..., dann...«-Fragen gelohnt. Der jeweilige Kostenblock ist strukturiert und »controllable« gemacht. Das bedeutet soviel wie beherrschbar gestaltet durch den kostenverantwortlichen Manager.

»Eintrittskarten« in das Arbeiten nach »Konsequenzen, falls nicht...« bieten sich durch

a) *sowieso entstehende Anlässe* bei Personal- oder Investitionsplanung, die zu nutzen sind *(Oasenprinzip)*;

b) einen Fragezeichen erzeugenden »Cut-off-point« als »Denkhürde« (where discussion has to start-point).

Dabei ist es für den Controller ab und zu nötig, so etwas wie *synthetische Not* zu erzeugen.

Durchgelevelte Strukturkosten (»Fixkosten«) auf Kostentreiberwirkungen hin ließen sich auch im Sinne von Prozeßkostenrechnung als lmi (leistungsmengeninduziert) bzw. lmn (leistungsmengenneutral) bezeichnen.

Die tägliche E-Mail Bearbeitung

Outlook starten und Serververbindung herstellen
Posteingang ansteuern

Nachricht auswählen		
Lesen	Lesen	Schrott ungelesen
Wichtige Informationen ggf. ausdrucken [3]	Anhang direkt öffnen, sichten ggf. archivieren	**löschen** [1]
Löschen [1]	**Löschen** [1]	

Papierkorb auswählen und **Papierkorb leeren** [2]

1) <u>Oberstes Gebot:</u> möglichst alles **löschen**, der Posteingang füllt sich ohnehin wieder! Außerdem stolpern Sie dann nicht dauernd über Nachrichten, die Sie ohnehin schon mehrmals gelesen haben.

2) Den **Papierkorb** regelmäßig **leeren**, z. B. Montags für die Vorwoche (dann sind die Daten für den Notfall in der Wochenendsicherung). Der Server dankt es Ihnen.

3) Gelesen ist oft noch nicht bearbeitet. Auf den **Ausdruck** kann man noch was draufschreiben, ihn persönlich weitergeben, herumtragen und schließlich wegwerfen. Man braucht keinen PC mehr anschalten und auch niemanden mit „CC"-Kopien belasten.

»Wie wird's gemacht?«
Empfehlungen zur praktischen Vorgehensweise bei »GWA« und »GPO«.

Die folgenden Empfehlungen zur praktischen Vorgehensweise bei der Durchführung einer Gemeinkosten-Wertanalyse basieren zu einem erheblichen Teil auf den Erfahrungen, die der Verfasser mit einem speziell für den mittelständischen Bereich entwickelten GWA-Konzept in Unternehmen des Maschinenbaus sammeln konnte. Die Anregungen zur Durchführung einer Geschäftsprozeß-Optimierung (manchmal auch »Business Process Reengineering« genannt) stammen aus im »VDMA-Arbeitskreis Controlling« geschilderten und diskutierten Anwendungsfällen mittlerer bis größerer Maschinenbauunternehmen.

Die Methodik dazu ist aber praktisch in jeder Branche anwendbar.

Bevor Sie sich zur Durchführung einer *GWA – Gemeinkosten-Wertanalyse** entschließen, sollten Sie sich über die Notwendigkeit und auch Durchführbarkeit einer solchen »Aktion« im klaren werden. Dazu müssen Sie wissen:

(1) Wie hoch ist eigentlich mein *Gemeinkosten-Block* (an den Gesamtkosten gemessen, oder auch am Umsatz) und wie hat er sich in den letzten 3 (5) Jahren entwickelt? *Gemeint ist der »gemeinsam« bereitstehende Strukturkostenblock.*

(2) Was würde eine *Reduzierung der Gemeinkosten* um 10/15/20 (vielleicht auch mehr) Prozent *ertragsmäßig* für unser Unternehmen bedeuten? Würde vielleicht bereits ein Einfrieren auf dem gegenwärtigen Stand etwas bewirken?

---

* Eigentlich müßte es heißen **Strukturkosten-Analyse**; »overhead« bedeutet nicht Gemeinkosten, sondern »den Kopf oben drüber haben-Kosten«.

(3) Wurden in den letzten Jahren schon einmal *pauschale Ein-sparungsaktionen* (sog. »Rasenmäher«-Methoden) angeordnet bzw. auch durchgeführt? Wenn ja, mit welchem Erfolg?

(4) Befinden wir uns derzeit in einer ausgesprochenen *kritischen Situation* oder soll die GWA mehr *vorbeugenden Charakter* haben?

(Hiervon hängt entscheidend die Wahl des Verfahrens wie auch der »Tiefgang« der GWA ab).

(5) Kennen bzw. vermuten wir bereits bestimmte *Schwachstellen*, auf die wir uns konzentrieren müssen – oder soll die GWA/ Strukturkostenanalyse praktisch *»unternehmensweit«* bzw. *»bereichsübergreifend«* durchgeführt werden?

(Sie werden erstaunt sein, was sich allein schon im ersten Fall an erzielbaren Einsparungsmöglichkeiten ergeben kann.)

(6) Sind wir in der Lage, eine solche »Aktion« – vor allem auch *personalmäßig! – ganz allein auf uns gestellt*, durchzuziehen – oder sollten wir dafür die personelle wie auch know-how-mäßige Kapazität durch einen Außenstehenden (z.B. *Berater*) erweitern?

(7) Ist die *Geschäftsleitung* wirklich bereit, einem solchen Projekt genügend »Starthilfe«, aber auch eine »angemessene Begleitung« zu geben – oder ist morgen (übermorgen) wieder etwas anderes sehr viel wichtiger?

(8) Last not least: Ist der *»Boden«* (die Atmosphäre, das Klima usw.) für eine solche, nur gemeinsam zum Erfolg zu bringende »Aktion« bereits *genügend »vorgewärmt«* – oder ist damit zu rechnen, daß jeder wieder nur sein eigenes Süppchen kochen wird und das allseits beliebte »Schwarze-Peter-Spiel« ein weiteres Mal beginnt?

(Kooperativ geführte Unternehmen und Unternehmen, die sich mit Wertanalyse, Null-Fehler-Programmen, Qualitätszirkelarbeit und anderen stark motivierenden Führungstechniken auskennen, haben hier einen enormen Vorteil.)

Wenn Sie bei diesen Vorfragen genügend Plus-Punkte sammeln konnten, steht einer Durchführung der »GWA« eigentlich nichts mehr im Wege. Wie bereits erwähnt, empfiehlt es sich – ähnlich wie bei der Produkt-Wertanalyse – nach einem festen *Arbeitsplan* (*»Schrittfolgeplan«*) vorzugehen. Das Beispiel eines solchen ist in dem nächsten Bild nochmals grob dargestellt:

Grundschritt Nr.	Inhalt
0.	Situation bewerten
1.	Vorbereitende Maßnahmen
2.	Informationen beschaffen
3.	Funktionsanalyse, Kostenrahmen
4.	Suche nach Lösungsansätzen
5.	Lösung auswählen
6.	Lösung realisieren

Vorgeschalteter Schritt: Situationsbewertung

Speziell in kleineren und mittleren Firmen hat es sich bewährt – anders als in DIN 69910 vorgesehen –, eine *»Situationsbewertung«* vorzuschalten. Damit erhalten Sie u.a. auch die vielleicht ansonsten gar nicht so einfach zu gebende Antwort auf Vorfrage (5).

Um eine solche Situationsbewertung durchführen zu können, benötigt man im wesentlichen die folgenden Informationen:

- organisatorische Gliederung *(Organigramm)* mit kopfzahlmäßiger Zuordnung der Personen zu den einzelnen Organisationseinheiten;
- *Kostenstruktur* nach Material, Personal und Sonstiges sowie nach den Hauptfunktionsbereichen (z.B. BAB);
- *Aufgabenverteilungsplan;* ggf. vielleicht auch Stellenbeschreibungen, Funktionendiagramme, grobe Ablaufdarstellungen;

- *Kennzahlen* aus den einzelnen Unternehmensbereichen, möglichst im Zeit- *und* Branchenvergleich (z.B. Pro-Kopf-Umsatz, -Wertschöpfung, Cash flow, Lagerumschlag usw.);
- Statements der GL und der Teilbereiche zur derzeitigen Lage des Unternehmens wie auch zu *mittelfristigen Unternehmensplänen*, Trends und Prognosen;
- wenn möglich, auch Aussagen zu den *Stärken und Schwächen* des Unternehmens (Potentialanalyse).

Zumindest dieser Teilschritt wird besonders bei Mittelständlern gerne berater-unterstützt getan, zumal der Externe in diesem Falle oft über Erfahrungen aus anderen Unternehmen und Fällen und vielleicht auch über anlegbare »Meßlatten« (z.B. Soll-Kennzahlen) verfügt.

Herauskommen aus einer solchen Situationsbewertung muß unter allen Umständen eine Art »Wegweiser«, d.h. was in den nächsten Schritten im einzelnen zu tun ist.

Es gibt, wie die praktische Erfahrung zeigt, durchaus Situationen, wo man sich weitere Schritte ersparen kann, weil sie zuwenig Erfolg versprechen würden. (Vielleicht ist aber auch eine ganz andere, sehr viel gezieltere Vorgehensweise möglich?)

Legen Sie also Wert darauf, folgende Ansatzpunkte aus der Situationsbewertung zu gewinnen:

- Wo können wir ggf. »abbrechen«? Wo sind (vielleicht bereits im Vorfeld) tiefer gehende Analysen erforderlich? Wo fangen wir an?
- Wo liegen von Anfang an potentielle Einsparungschancen? Was müßte insgesamt einsparungsmäßig zu realisieren sein? (Hier sind eigentlich immer nur grobe Schätzungen möglich.)
- Wo sind bereits in der Vorphase Erkenntnisse zur Verbesserung bestehender Zustände angefallen? (unbedingt festhalten/auswerten/»ausknautschen«!)
- Wo erscheint eine grundsätzliche »Ressourcen-Umverteilung« angebracht? Müssen wir dazu vielleicht unsere bisherige Strategie verändern/anpassen?

- Was wird, was darf das Ganze kosten (externe *und* möglichst auch interne Kosten)?
- Wann können wir frühestens (wann sollten wir spätestens) beginnen? Vorgesehene Projekt-Laufzeit?
(Hinweis: Was in 1–1$^1/_2$ Jahren nicht über die Bühne gebracht werden kann, versandet und versickert! Notfalls also »Aktions-Radius« lieber von vornherein eingrenzen?)

Weiterer Hinweis: Die Situationsbewertung selbst sollte nicht länger als max. 1–2 Monate dauern, das reicht im allgemeinen völlig aus.

Beteiligte Personen: zunächst erste und zweite Ebene des Unternehmens zusammen mit Berater; im größeren Unternehmen sicher auch der Controller.

Schritt 1 – Vorbereitende Maßnahmen

Hierzu gehören folgende »Teilschrittchen«:

1.1. Aufbau einer entsprechenden *Projektorganisation,* d.h.
   - Wer übernimmt die Koordination und Steuerung des gesamten Vorhabens? (ggf. sogar wiederum der Externe?)
   - Wieviel Teams müssen wir bilden und wen benennen wir für die einzelnen temporären (d.h. gleichzeitig: *nie* hauptamtlichen) Teams?
   - Wer kommt in den (projektbegleitenden) Lenkungsausschuß? (häufig allein die GL)
   - Wie stellen wir die laufende Berichterstattung sicher? (»GWA«-Fortschrittskontrolle)
1.2. Festlegung von *Untersuchungsziel und -dauer,* d.h. ggf. auch Prioritätenfolge, insbesondere bei personellen Engpässen.
   Wichtig erscheint es, in diesem Zusammenhang ein eindeutiges – wenn auch meist globales – *Kostenziel* vorzugeben, entweder in einer »Denkhürden-Vorgabe« (wie bei OVA – »overhead value analysis« –) oder aber auch in einem als realisierbar ange-

sehenen DM-Betrag (Motto: »DM X müßten eigentlich einzu-
sparen sein«).

1.3. *Klare Aufgabenstellung für die Teams,*
in welchem Bereich (bei welchem evtl. auch bereichsübergreifenden Ablauf) die GWA in welcher Weise durchzuführen ist,
auch hier ggf. mit entsprechenden Prioritäten und möglichst
»heruntergebrochenen« Kostenzielen.

1.4. *Unterrichtung und Information* der von der GWA berührten
Mitarbeiter (wie auch des Betriebsrates) über Ziel, Dauer und
Umfang der geplanten Aktionen. (Stichwort: »Zu erwartende
spätere Akzeptanzhürden so früh wie möglich abbauen!«)

1.5. Verabschiedung eines möglichst straffen *Terminplans,* von dem
nur in (genehmigten) Ausnahmesituationen abgewichen werden darf. Um die Termineinhaltung auch wirklich sicherzustellen, sind »Checkpoints« angebracht.
Bei »Aus-dem-Ruder-Laufen« des zeitlichen Konzepts ggf.
Überstunden anordnen? Notfalls rollierende Planung; die Erfahrung zeigt, daß Zeiträume von insgesamt 3–4 Monaten eine
gute und realistische Vorgabe darstellen, sonst ist die Verzette-
lungsgefahr zu groß.

1.6. *Grundschulung* der Team-Mitglieder in der »GWA«-Methe-
dik, also Aufklärung und Üben im Umgang mit Formularen,
Ideenfindungstechniken usw.

Der Gesamtaufwand für die »Vorbereitungsphase« sollte nach
Möglichkeit 4 Wochen nicht überschreiten; *Hauptbeteiligte* auch
hier die in der »Situationsbewertung« genannten Personen, hinzu
aber »Durchführende« und »Betroffene«.

Mit
Schritt 2 – Informationsbeschaffung

kommt die »GWA«-Strukturkostenanalyse nun erst so richtig ins
Rollen.

Hier gilt es, die Ausgangsbasis für alle späteren Teilschritte zu
schaffen.

Wie Ihnen aus der WS schon geläufig, geht es dabei in erster Linie um die Beantwortung folgender Fragen:

- *Welche Funktionen* werden wo erbracht?
- *Wie* lassen sie sich *strukturieren/gliedern*?
- *Wie hoch* ist der *zeitliche Aufwand* für die einzelnen Funktionen
  a) insgesamt,
  b) bezogen möglichst auf einen einzelnen Vorgang (z.B. Bestellung im Einkauf), später vielleicht sogar brauchbar als *»standard of performance«*?
- *Welche Hilfsmittel* werden bei der Erfüllung der Funktion eingesetzt (letzte Spalte im Funktionen-Diagramm).

Diese Aufnahme kann durch *Selbstaufschreibung*, ggf. aber auch über eine ergänzende Befragung durch einen Mitarbeiter des GWA-Teams erfolgen (»Interview«).

Grobe Zeitschätzungen müssen in vielen Fällen genügen. Das schadet insofern nicht, als ja keine »Optimalwerte« daraus entwickelt werden sollen.

Beteiligte: die »Betroffenen«, ihre Abteilungsleiter und Mitglieder des Projektteams;

Zeitbedarf: möglichst nicht mehr als 2 Wochen, sonst wird zuviel »hineingelegt«, im allgemeinen genügt ein »Blitzlicht«.

Ein Beispiel aus dem Bereich »Einkauf« ist auf der nächsten Seite auszugsweise wiedergegeben.

Ergebnis dieses Schritts:
Was kostet die Funktion bzw. *der Standard-Vorgang?*
Nicht nur der Controller wird an solchen Informationen seine Freude haben! (vgl. Abschnitt 5.)

DETAILLIERTE FUNKTIONSERFASSUNG UND KOSTENERMITTLUNG

Firma: ....   Blatt 2 von 3

1	2	3	4	5	6	7
Funktion/Tätigkeit Form der Leistung	Abt. Nr.	Lfd. Nr.	Anzahl Vorgänge pro			Min./ Vorg.
			Tag	Mon.	Jahr	
Angebotseinholung Schriftform	32	7		700		5
Angebotsüberwachung Formbrief	32	8		700		4
Angebotsprüfung Verhandlungen	32	9		700		
Bestellung schriftliche Bearbeitung	32	10		700		15
SUMME						

Datum: ....   Verfasser: ....

Abteilung:	Einkauf
Verantwortlicher:	....
Anzahl Mitarbeiter:	9

8	9	10	11	12
Zeitbedarf in Monaten	Mtl. Funktionskosten Persk. *)	Sachk.	Leistungs- empfänger	Abt. Nr. Empfänger
	1.972,-	Porto 600,-	Einkauf Konstruktion Projektierung	32 51 61
0,02	113,-	Porto 45,-		
3,50	17.850,-	Tel. 1.200,-		
112,5 0,75	3.825,-	Porto 400,-	Lieferant Disposition Produktionssteuerung	00 42 44
7,82	39.880,-			

*) Ø Personalkosten inkl. Arbeitsplatzkosten: 5.100,- €

Schritt 3 – Funktionsanalyse (»Soll«-Kosten)

Dies ist ein Teilschritt, der in der Praxis häufig mißverstanden wird, weil man bei einem »Soll« sowohl in der Fertigung als auch im administrativen Bereich meist bestimmte Vorstellungen hat, was die Verbindlichkeit einer solchen Vorgabe angeht.

Vielleicht sollte man hier deshalb besser sagen: »zukünftiger Kostenrahmen«, den wir aufgrund unserer bisherigen, in vielen Fällen eigentlich noch nicht voll befriedigenden Informationen als realisierbar (oder eben auch nur als »wünschenswert«) ansehen.

Um diese in der Tat meist »schillernde« Größe abzuleiten, bedarf es aber wiederum folgender »Teilschrittchen«:

3.1. Bestimmung des zukünftigen Leistungsumfangs, d.h.
   – *Welche* der in Schritt 2 ermittelten Funktionen sind nach unserer Ansicht
   a) *unverzichtbar,*
   b) nach wie vor wünschenswert
      (Motto: »nice to have, but...«)
      oder
   c) ohne weiteres *verzichtbar?*

Hier muß ganz klar der Empfänger dieser Leistung befragt und zur endgültigen Entscheidung mit herangezogen werden.

Die in einigen GWA-Konzepten vorgeschlagene DM-mäßige Bewertung von empfangenen Leistungen durch den Benutzer hat sich allerdings – zumindest im Bereich mittelständischer Unternehmen – als *nicht praktikabel* erwiesen.

(Wer kann schon sagen, ob ein bestimmter Bericht, eine Statistik »soviel und nicht mehr« kosten darf? Bei weniger konkreten Leistungen ist das mit Sicherheit noch sehr viel schwieriger.)

Doch einen »heilsamen Effekt« üben die in Schritt 2 gewonnenen Kostendaten erfahrungsgemäß bei jedem Nutzer tatsächlich aus – zumindest Zusatzwünsche werden von da an vorsichtiger gehegt.* Leistungsnehmer und Leistungsgeber können sich besser verständigen. (Fußnote S. 109)

Typische *Unterfragen* sind in dieser Phase z.B.

- Sind die *erbrachten Funktionen* im Hinblick auf die übergeordneten Aufgaben/Funktionen überhaupt *notwendig*? (Was wären z.B. typische *Haupt-, Neben-* oder auch *unnötige* Funktionen?)
- Zeigen die ermittelten Funktionen möglicherweise *Aufgabenüberschneidungen* innerhalb des Untersuchungsbereiches bzw. ggf. *Doppelarbeit* mit anderen Abteilungen? (Siehe auch hier wieder die Wichtigkeit eines Funktionen-Diagramms.)
- Ist die *Verteilung* der Funktionen auf die bisherigen Funktionsträger *sinnvoll*? (dto.)
- Läßt der *Umfang der Funktionen* bei dem bisherigen Funktionsersteller überhaupt ein wirtschaftliches Arbeiten zu? Sie erinnern sich? »Alter Wein aus neuen Schläuchen...«, d.h. hier finden Sie spätestens die typischen Checkfragen aus der Arbeitsvereinfachung wieder.

Diese und andere Fragen müssen kritisch geprüft werden, u.a. z.B. auch folgende – mehr ablauforganisatorischen – Fragen:

- Können *Funktionen*, weil sie zur unmittelbaren Zielsetzung nichts beitragen, evtl. ganz *entfallen*? (vgl. »only value added activities«)
- Können *Funktionen zusammengelegt* oder *verlagert* werden? Auf welche Weise?
- Ist ein *logischer Ablauf* der Funktionen gegeben?
- Ist die zur Erledigung der Funktionen bislang benötigte *Zeit*/sind die *Kosten* zu rechtfertigen?
- Wurden zur Erstellung der bisherigen Funktionen die richtigen *Arbeitsmittel* eingesetzt? usw. usf.

---

* Wäscher bringt Beispiele aus einem großen Textilmaschinenbau-Unternehmen, bei dem man im Rahmen des »Gemeinkosten-Managements« solche »standards of performance« ermittelte und allen Betroffenen, insbesondere den Fachführungskräften offenlegte (vgl. Literaturhinweis).

3.2. Festlegung des *zukünftigen Kostenrahmens*, d.h.
  – Was dürfen einzelne Funktionen *in Zukunft maximal kosten*?
  – Wieviel *Mittel* können dafür *aufgewendet* werden?

Als erfahrener Controller erkennen Sie an dieser Stelle wiederum natürlich Parallelen zum ZBB-Ansatz, der nicht in allen GWA-Konzepten in diesem Umfang zum Tragen kommt. Gerade im mittelständischen Bereich erschien er uns aber sehr wichtig und nützlich.

Beteiligte: praktisch *alle*, nämlich Bereichsleiter, GWA-Team, evtl. Berater, Leistungsempfänger; allgemeine Erkenntnis: halten Sie auch hier den *Zeitbedarf* knapp! Z.B. keine open-end-discussions machen. Bei Besprechungen immer die Zeit budgetieren! Dann wird sie besser genutzt – self-controlled. Und nicht vergessen, auch mal ab und zu Pausen zu machen.

Schritt 4 – Suche nach brauchbaren Lösungsansätzen

Dieser Teilschritt ist nach unserer Erfahrung der einzige, der sich vom gleichnamigen Schritt bei der eigentlichen Produkt-Wertanalyse wesentlich unterscheidet:

Geht es nämlich bei der Produkt-Wertanalyse darum, auch »unkonventionelle« Lösungen zu finden und dabei das kreative Potential aller im Wertanalyse-Team Mitwirkenden zu nutzen – mit Hilfe so faszinierender Techniken wie z.B. »Brainstorming«, »Brainwriting«, »Methode 635«, »4-M-Methode«, unter Verwendung des »Morphologischen Kastens« udgl. –, hier kommt es in der Regel sehr viel nüchterner darauf an, für die *unverzichtbaren*, aber vielleicht *kostengünstiger zu erbringenden Funktionen mögliche Lösungen* zu ihrer Erstellung ausfindig zu machen.

Die entscheidende Quelle hierfür ist – von ganz wenigen Ausnahmen abgesehen – das Erfahrungswissen aller Beteiligten, ggf. verstärkt um das Experten-Wissen weiterer Personen (aus dem eigenen Hause: z.B. EDV- oder PC-Spezialist, ggf. aber auch von draußen: Hersteller, Anbieter, Berater u.ä.).

Auch zum in der Regel schrittweisen *Abbau verzichtbarer Funktionen* müssen natürlich entsprechende praktikable Wege gefunden werden, ggf. vielleicht sogar mehr psychologischer Art, um den bisherigen Leistungserbringer nicht vor den Kopf zu stoßen. Oder: Kommt ein Abbau ggf. sogar teurer als das einfach »Weiterlaufenlassen«? Am Ende dieses Teilschritts sollte deutlich das Ergebnis stehen:

> *Reduzierte Leistung zu günstigeren Bedingungen, doch ohne Schmälerung des wünschenswerten Informationsniveaus.*

Wobei wir wieder einmal bei dem WS-Motto wären: »Besser, schneller, billiger, aber ohne Abstriche an der Qualität!«
Im Einzelfall sicher keine leichte Aufgabe!
Beteiligte: bereits genannt, hauptsächlich GWA-Team, mit bewußt knapper Zeitvorgabe.
Aus den in diesem Schritt gefundenen denkbaren Lösungen sind im nächsten die dafür am besten geeigneten – zumeist auch kostengünstigsten – Lösungen auszuwählen. Wir kommen somit zu

Schritt 5 – Lösungsauswahl,

der sich wieder unterteilen läßt in

5.1. »Filtern« der Lösungsansätze,
   – zum einen stets mit Blick auf das in Schritt 3 vorgegebene *Kostenziel,*
   – zum anderen natürlich aber auch mit Blick auf den vorgegebenen *Terminrahmen.*
   (Manches qualitativ »Bessere« dauert eben manchmal auch etwas länger.)
   Liegen mehrere Lösungsmöglichkeiten vor, sollte eine kritische Gegenüberstellung der *Vor-* und *Nachteile* der jeweiligen Lösung vorgenommen werden, so daß nur noch wirklich »hieb- und stichfeste« Vorschläge in die engere Auswahl kommen (»Vorfilter«-Methode).

5.2. Aus einer entsprechenden *Entscheidungsvorlage* kann der GWA-Ausschuß schließlich seine eigene *Entscheidung* ableiten.*

Hierbei sollte je nach Sachlage auch nochmals gezielt eine Art »Gegen-Check« (z.B. Zielerreichung? / kein Konflikt mit o.a. Unternehmenszielen? / Organisatorische und technische Realisierbarkeit?) vom GWA-Ausschuß vorgenommen werden.

Beteiligte: bereits genannt, erst GWA-Team, dann GWA-Ausschuß; *Durchführung* dieses Teilschritts kann (aus guten Gründen) bis zu einem Monat dauern.

Schritt 6 – Realisierung

Nach Entscheidung des GWA-Ausschusses für eine bestimmte Lösung, sind zunächst

6.1 entsprechende *Einzelmaßnahmen zu planen und zu terminieren* (also: *Wer? Was? Wie? Bis wann?*).

Es muß hierbei nochmals daran erinnert werden, daß die gewählte Lösung, wie in Schritt 3 angestrebt, zur *Kostenreduzierung* führen soll.

Wer kann das aber garantieren?

Aus diesem Grunde sollte sich immer eine Art »*Investitionskontrolle*« anschließen:

6.2. *Realisierung kontrollieren,* d.h.
   – Wurde Maßnahme auch wirklich wie geplant durchgeführt?
   – Hat sie den vorausberechneten (geschätzten) Erfolg gebracht?
   – Ist zusätzliches »Nachhaken«/Nachbessern nötig?

Damit schließt sich der Kreis der GWA. Im Prinzip könnte man nach einiger Zeit wieder von vorne ansetzen.

---

* Beispiel einer GWA-Entscheidungsvorlage auf den Seiten 114-117.

112

Vorteile einer »GWA«/Strukturkosten-Analyse

Abschließend seien aus Sicht der mit dieser Methodik erfolgreich arbeitenden Firmen nochmals die *Vorteile* kurz zusammengefaßt:

(1) Das ursprünglich aus der Produkt-Wertanalyse kommende »Denken in Funktionen« (und damit zwangsläufig auch in *Funktionskosten*) eignet sich sehr gut auch gerade für die Lösung von Aufgaben im administrativen Bereich (nicht nur reine Verwaltung i.e.S.).

(2) Die Tatsache, daß *Funktionen* – und nicht direkt Personen – im Mittelpunkt stehen, hat einen »entkrampfenden« Effekt, obwohl natürlich Personen und »Köpfe« immer dahinter stehen.

(3) GWA richtig angewendet, wird von allen Beteiligten als wesentlich *»gerechter«* als herkömmliche »Rasenmäher«-Aktion angesehen.
    (Also kein Grund zum Motto: »Zieht Euch warm an...«)

(4) Durch die unvermeidliche »Arbeit an der Basis« (Fachabteilungsleiterebene und darunter) kommt es insgesamt zu einer hohen *Motivation* aller Beteiligten.
    (»Was ich mitentwickelt und mitgestaltet habe, bin ich eher bereit zu akzeptieren.«)

Eines allerdings ist dabei unerläßlich:
Die Geschäftsleitung und die davon betroffenen Fachbereichsleiter müssen mitziehen – und zwar alle!
Doch das wurde wohl schon gesagt.

Weiterhin muß daran erinnert werden, daß eine GWA mehr als ein augenblicklicher »Befreiungsschlag« sein sollte, d.h. zumindest *mittelfristige Entwicklungen* sollten dabei berücksichtigt werden. Also nicht »Sparen, koste es, was es wolle!« sondern *auch* strategisches Denken ist gefragt.

Aufwand und Nutzen einer GWA stehen im allgemeinen in einem vernünftigen Verhältnis, es hängt vieles natürlich von der jeweiligen Ausgangssituation ab (»Saustalleffekt« oder »wohl organisiertes Unternehmen«?).

Obiges GWA – Projekt wurde sorgfältig bearbeitet.

An WA – Ausschuss folgende Vorschläge

1	2	3	4	5
lfd. Nr.	Soll-Funktion / Tätigkeit	Vorgeschlagene alternative Leistungs-erbringung gem. 5.0	Kosten-vorteil p. a.	Notwendige Investition (Einmalkosten) Amortisations-dauer
1	Auftragsbe-stätigungen schreiben	Auf manuell erstellte Kopien verzichten • Orderblatt in den techn. Vertrieb • Shipment-report durch Betrieb • Ganz verzichten • Kopie für Außendienst entfällt	400 Std. Schreib arbeit	
		SUMME		

GWA-Projekt-Nr.: ....
GWA-Team: ....
Datum: ....

Untersuchtes Kostenvolumen	450.000 €
Als Kostenziel waren vorgegeben	70.000 €
Entscheidung vorgelegt	.... €

6	7	8
Maßnahme kann wirksam werden	Vor- und Nachteile aus Sicht des Teams	Entscheidung durch GWA-Ausschuss; Realisierungsbeauftragter
sofort	keine	

Obiges GWA-Projekt wurde sorgfältig bearbeitet.

Dem WA-Ausschuß ~~wird~~/werden fristgerecht ...

.1	2	3	4	5
lfd. Nr.	Soll-Funktion/ Tätigkeit	vorgeschlagene alternative Leistungser-bringung gem. 5.0	Kostenvorteil p.a.	notwendige In-vestitionen (Einmalkosten) Amortisations-dauer
②	Erstellung der manuellen Auf-träge <u>Auftragsvorbe-reitung</u> z.Zt. 100 Min. x 830 p.a	eindeutige u. detaillierte spezifizierte Auftragsdekla-ration durch die NL VB prüft nur noch Checkliste dient auch als Fe/Montage-unterlage	mind. 1/2 Mann	Aufbau einer Checkliste
✕	✕	S u m m e		

116

GWA-Projekt-Nr.:....VB.........
GWA-Team:................... XXX
Datum:................... 30. 12.

DMI

5.1

Untersuchtes Kostenvolumen   .... DM

Als Kostenziel waren vorgegeben   .... DM

folgende Vorschläge zur Entscheidung vorglegt

                                 .... DM

6	7	8
Maßnahme kann wirksam werden ab	Vor- und Nachteile aus der Sicht des Teams	Entscheidung durch den GWA-Ausschuß; Realisierungsbeauftragter
	Weniger Telefon zwischen Zentrale NL Kunde NL Zentrale	
?		
	Können der Reisenden Bereitschaft d. "	
	Vorrang der Akquisitionstätigkeit	

117

Die GPO – Geschäftsprozeßoptimierung – unterscheidet sich von der hier bewußt ausführlich geschilderten GWA in einigen Punkten – besonders natürlich, was die noch stärkere Berücksichtigung strategischer Ansätze angeht. Dennoch greift auch sie zwangsläufig auf die wichtigsten »traditionellen« Instrumente zurück.

Die Vorgehensweise der GPO mit der gleichen Ausführlichkeit zu schildern, brächte deshalb Redundanzen. Darüber hinaus ist die aktuelle Spezialliteratur zur GPO sehr viel umfangreicher als sie bei der GWA je war.

Wenn Sie sich also über dieses Thema zunächst kurz informieren möchten, schlagen Sie bitte das Stichwort »GPO« in Abschnitt 9 nach.

»Was bringt's? Wem nutzt's?«
Zusammenfassung und Ausblick

Aus den Abschnitten (3) bis (7) dürfte hervorgegangen sein, daß bei richtiger Einstellung zu diesem Verfahren – notfalls ergänzt durch einen entsprechenden »Motivationsschub« über die Geschäftsleitung und natürlich auch auf dem Schulungswege (Besuch von externen Controller-Seminaren in Verbindung mit firmeninternem Methodentraining) – der Anstoß, derartige Hilfsmittel und Instrumente nicht nur einmal, sondern immer wieder bei Bedarf zu nutzen, kaum mit zusätzlichen Kosten verbunden ist. Es sei denn, das Unternehmen kommt zu der Überzeugung, daß es aus verschiedenen Gründen ratsam wäre, einen »*Externen*« in der Vorbereitungsphase und ggf. auch während der gesamten Projektlaufzeit einzuschalten, z.B.

– weil personelle Engpässe den tieferen Einstieg der wichtigsten Beteiligten von Anfang an erschweren,
– weil man sich einen schnelleren Know-how-Transfer vom Berater/Trainer auf die eigene Führungsmannschaft verspricht,
– weil man den »Externen« ggf. als eine Art »Schutzschild« gegen mögliche Einwände und Widersprüche bei vorgeschlagenen Änderungen einsetzen möchte, denn »der Prophet im eigenen Lande« gilt bekanntlich manchmal wenig,
– weil man bedingt durch die Tatsache, daß der »Externe« mit jedem Tag, den er im Unternehmen tätig wird, etwas kostet, mehr »Dampf« in die gemeinsam angegangenen Aktivitäten bringen möchte.

Man sollte sich allerdings dabei über eines im klaren sein:

Ohne Rückenwind aus den eigenen Reihen und *ohne* entsprechendes Mitziehen am gleichen Strang kann weder eine WS noch eine GWA oder gar eine GPO funktionieren.

(»Schubladenvorschläge« heißen schließlich deshalb so, weil sie nie aus der Schublade hervorgekramt werden.)

Die Größenordnung nötiger *Beraterkosten* hängt natürlich vom jeweiligen Projekt ab. *Schulungskosten* in diesem Zusammenhang sollten als allseits fällige »Investitionen« in die Kreativität, Kooperationsbereitschaft und Kostenmotivation der Mitarbeiter angesehen werden, ähnlich wie z.B. Kosten für das Betriebliche Vorschlagswesen (BVW), Qualitätszirkel-Arbeit (QC) oder Qualitätsförderungskampagnen (Null-Fehler-Programme).

Es gibt Unternehmen, die solche Methoden und Techniken sogar im Rahmen des normalen Aus- und Weiterbildungsprogramms anbieten.

Andererseits muß mit Recht natürlich die Frage gestellt werden, welche *Kosteneinsparungen* und *organisatorischen Verbesserungen* aus dem Einsatz solcher Hilfsmittel erwartet werden können.

Auch hier sind verständlicherweise keine Angaben in Heller und Pfennig möglich, zumal es auch wieder auf den jeweiligen Status quo ankommt:

– Befindet sich das Unternehmen in einer Situation, wo es an einem scharfen »Schnitt« (Crash Management) oder an einem totalen Bruch mit der Vergangenheit einfach nicht mehr vorbeikommt?

– Oder sind alle Maßnahmen und Vorhaben mehr oder weniger »präventiv« gedacht, d.h. meint man »Vorbeugen ist besser als Heilen«?

– Sollen sich solche Aktivitäten – nach dem Prinzip der ABC – oder nach dem der Schwachstellenanalyse – zunächst nur auf einen (kleinen) Teilbereich erstrecken oder sofort auf das ganze Unternehmen?

– Oder will ein kostenbewußter Abteilungsleiter (vielleicht auch der Controller für den eigenen Bereich), um sich zu beweisen, zunächst einmal »nur« schnelle Erfolgserlebnisse erreichen?

Je nach Situation wird das erzielbare »Ergebnis« sehr unterschiedlich sein. Fassen wir deshalb nochmals zusammen, wo erfahrungsgemäß im Rahmen der Work Simplification wie auch der übrigen Methoden der systematischen, grundlegenden Verbesserung die höchsten *Einsparungsmöglichkeiten* liegen:

(1) Die Verwendung von *Arbeitsverteilungsübersichten* trägt erheblich dazu bei, die Aufgaben und Tätigkeiten einer Abteilung oder Gruppe besser zu ordnen, zu steuern und zu kontrollieren. Das kann bedeuten: Die Beseitigung überflüssiger Aufgaben, eine stärkere Konzentration auf die wirklich abteilungswichtigen Aufgaben, ein gezielter Einsatz der Mitarbeiter nach Fähigkeiten (und auch Bezahlung), eine Bereinigung von Aufgaben und Tätigkeiten innerhalb der Abteilung und damit weniger Kompetenzüberschneidungen als bisher.
Verlagerungen und Streichungen von Tätigkeiten und die Gegenüberstellung von alter und neuer Situation lassen sich meist mit weniger Daten (z.B. mit dem Zeitaufwand vorher und nachher) annähernd beziffern.
Im übrigen sei nochmals darauf hingewiesen, daß die *Tätigkeitenliste* auch als wichtiges Hilfsmittel zur Erstellung von *Funktions- und Stellenbeschreibungen* dienen kann.

(2) Die Verbesserung der Arbeitsabläufe mit Hilfe des Arbeitsablaufbogens oder – vielleicht weniger kompliziert, aber hinreichend genau – mit Verfahrensbeschreibungen im Sinne der ISO 9000 ff. kann sich niederschlagen in Form von Streichung einzelner Teilschritte, Einsparen von Transport- und Wartezeiten, Verkürzung und damit Beschleunigung des zeitlichen Ablaufs und nicht zuletzt auch Einsatz des richtigen Mannes am richtigen Platze. Maßnahmen der *Beleg- und Informationsflußgestaltung* können dabei eine zusätzliche Hilfe sein. Eine intensive Beschäftigung mit den Abläufen wird zwangsläufig immer auch zu einer besseren *Arbeitsproduktivität/Effizienz* (und Effektivität) führen. Auch hier lassen sich beispielsweise durch eine Gegenüberstellung der Zeiten für »alte Methode/neue Methode« Einsparungen nachweisen.

(3) Weniger leicht quantifizierbar sind oft hingegen Ergebnisse, die sich durch *Störquellen- und Schwachstellenbeseitigung* sowie durch *Verbesserung des Kostenbewußtseins* der Mitarbeiter erzielen lassen. (Häufig: »Multifaktoren-Effekt«, d.h. es ist nicht schlüssig zu erkennen, um wieviel durch eine *einzelne* Maßnahme die Situation verbessert werden konnte, aber der Gesamteffekt ist ja wohl auch schon eine sehr zufriedenstellende Angelegenheit.)

Trotzdem sollte man auch hier versuchen, über die Formel »Zeit x Kostensatz = Kosten« solche Interdependenzen aufzuzeigen.

Auch das problemlose Auffangen von Arbeitsspitzen bzw. das Vermeiden von zusätzlichen oder auch »nur« Ersatzeinstellungen kann dabei durchaus als »Erfolgselement« herangezogen werden.

(4) Nicht zu unterschätzen als positives Ergebnis ist letzten Endes der *»Akzeptanzeffekt«*, der aus der altbekannten Tatsache resultiert, daß der von einer Maßnahme »Betroffene«, der an der Entwicklung einer solchen Maßnahme mitgewirkt hat, sich sehr viel stärker mit der Maßnahme identifiziert als derjenige, dem sie aufgezwungen wurde (sozusagen »par ordre de moufti«).

(5) Schließlich hat man inzwischen in vielen Unternehmen die Erkenntnis gewonnen, daß man mit beispielsweise im Rahmen der GWA gewonnenen *»standards of performance«* nicht nur die Effizienz einzelner Bereiche beurteilen, sondern diese damit sogar »strategisch steuern« *kann*.

Alles dies aber gleichzeitig nicht nach dem »Ausquetsch-Verfahren«, sondern unter dem Motto: »Work smarter – not harder.« Ist dies allein nicht schon den halben Einsatz wert?

Wo sollte man in der Praxis zuallererst ansetzen?

Antwort: Überall da, wo

- die *Gemeinkosten/Strukturkosten* als zu hoch erscheinen;
- es gelegentlich »knirscht« (der berühmte »Sand im Getriebe«);
- *Engpässe* die Regel sind;

- geplante *Zeiten* dauernd *überschritten* werden;
- *Durchlaufzeiten* insgesamt als *zu lang* empfunden werden;
- die *Kommunikation verbesserungsfähig* erscheint;
- die *Auslastung* eines Bereiches erheblich *schwankt*
- und wo man generell das Gefühl hat: »Hier kann irgendetwas wohl nicht stimmen«;

nicht zuletzt aber, wenn

- der Controller »Hintergrundwissen« (hier vor allem Mengen, Zeiten und Kostenstrukturen) benötigt, um vernünftige Budgetvorschläge abzugeben bzw. Budgets anderer zu beurteilen.

Es wäre dabei sicherlich falsch, den Bereichsverantwortlichen oder eben auch den Controller mit Hilfe solcher »Einfach«-Methoden damit sozusagen zum »Über-Organisator« machen zu wollen. Es gibt in jedem Unternehmen wohl Probleme, die – um im Sinne des Gesamtzusammenhanges auch nur annähernd optimal gelöst zu werden – »in die richtige Hand gegeben werden müssen«. Wir verweisen hier nochmals auf die z.T. sehr viel umfassenderen und auch »spezielleren« Methoden wie das ZBB oder die GPO, wobei aber selbst die Verfechter dieser Methoden (z.B. Hammer) inzwischen zugegeben haben, daß auch hier ein gewisser Prozentsatz der gemeinsamen Anstrengungen nicht zu dem gewünschten Erfolg geführt habe. Mit Sicherheit lag es dabei nicht so sehr an den Methoden, denn Organisation ist eben auch immer »Menschenwerk«. Aber wem sagen wir das?

Kleines Begriffslexikon
(für den eiligen Leser)

Activity Based Cost (ABC)

Auch »Activity Based Cost Management« ist der Versuch, statt der traditionellen Gemeinkostenverrechnung (über Gemeinkosten-Zuschlagsätze) eine weitgehend *»vorgangsbezogene«* Verrechnung vorzunehmen. Im gewissen Sinne kann man die im Maschinenbau weit verbreitete *»Maschinen-Stundensatz-Rechnung (MSR)«,* was den Fertigungsbereich angeht, als eine Art »logischen Vorläufer« betrachten.

Einer ihrer Väter (W. Reichle) sprach in diesem Zusammenhang schon immer von »Kosten der (vorhandenen, weil geplanten) Kapazität und schlug vor, ähnliche Verfahren beispielsweise im Entwicklungs- und Konstruktions- oder auch sonstigen »Bearbeitungs-Bereichen« analog anzuwenden.

Die heutige Richtung stammt überwiegend aus amerikanischen Quellen (z.B. Kaplan) und wird in Deutschland vor allem durch Horváth vertreten (Stichwort: »Prozeßkosten-Rechnung«). Oberstes Prinzip des »ABC« ist es, die *»Kostentreiber«,* d.h. diejenigen Faktoren, die die Kostenentstehung auslösen, möglichst eindeutig zu identifizieren und als »Basis« für die Weiterverrechnung der damit im Zusammenhang stehenden Gemeinkosten zu verwenden. Um dies an einigen Beispielen aufzuzeigen:

- Die Beschaffungskosten nicht wie herkömmlich als Zuschlag auf den eingekauften Wert der Güter, sondern auf die damit verbundenen »Prozesse« (wie z.B. Dispositionsvorgang, Beschaffungsvorgang, Ein- und Auslagerungsvorgang),
- die Entwicklungskosten nicht als Zuschlag auf die hergestellten und verkauften Produkte, sondern als anteilige Rate direkt auf die neu entworfenen Produkte,

– die Kosten des Kundendienstes nicht als Bestandteil der großen »Gießkanne« Vertriebsgemeinkosten, sondern nach Möglichkeit direkt auf den einzelnen Kunden (nach der jeweiligen Inanspruchnahme).

Solche »Kostentreiber« können aus verschiedenen Informationssystemen geradezu »herausgefiltert« werden – sei es Anlagenbuchhaltung, Wareneingangsaufzeichnungen, PPS-System, Auftragsbearbeitung, Marketing usw. Der Rechenvorgang lautet dann immer »Menge/Zeit x Stückkosten«, wobei die Stückkostenbetrachtung, wie wir aus anderen Zusammenhängen wissen (z.b. Losgrößen-Betrachtung), nicht unproblematisch ist.

Deshalb unterscheiden Cooper/Kaplan:

(1) *stück*bezogene Prozesse (z.b. pro einzelne Produkt- oder Dienstleistungseinheit), nicht unproblematisch, siehe auch (2),
(2) *los*bezogene Prozesse (insbesondere nach Produktionslosen, aber: Achtung, Goldratt hebt warnend den Finger: Bestände-Problematik/Komplexitätskosten),
(3) *produkt*bezogene Prozesse (auf sehr hoher Verdichtungsstufe) und, wenn man die Betrachtung über die Betriebsgrenze ausweitet,
(4) *kunden*bezogene Prozesse.

Im Prinzip geht es also immer wieder darum, auf Vorrat gehaltene Ressourcen der »richtigen« Hierarchie-Ebene zuzurechnen, wobei es am exaktesten wäre, dies direkt auf den Kunden zu tun.

Solche Prozeßkosten-Betrachtungen kann man aber praktisch für jeden betrieblichen Funktionsbereich tun, z.T. geschieht dies auch im Zusammenhang mit »standards of performance«- oder »Benchmark«-Werten.

Arbeitsvereinfachung (engl.: Work Simplification – WS)
Auf den Grundlagen des Arbeitsstudiums (Taylor, Gilbreth u.a.) und gängiger Organisationstechniken entwickeltes »*Methodenpaket*« zur Durchforstung und systematischen Verbesserung von

organisatorischen Zusammenhängen (Strukturen, Aufgaben, Abläufen) sowie deren Kosten – ursprünglich auch Gestaltung von Arbeitsplätzen – unter Verwendung von leicht zu handhabenden *Formularen, Symbolen* und *Checklisten*; gilt heute als »Urzelle« aktuellerer, fortgeschrittener Verfahren wie z.B. Gemeinkosten-Wertanalyse (GWA), Funktions-Kosten-Optimierung (FKO) usw.

Aufgabengliederung/Funktionsgliederung

Organisatorischer »Kunstgriff«, um die Aufgaben/Funktionen einer Stelle, einer Arbeitsgruppe oder eines größeren organisatorischen Bereichs insgesamt transparenter zu machen – mit der Absicht, durch entsprechende Um- oder Neuverteilung Strukturen und Abläufe reibungsloser und damit auch kostengünstiger zu gestalten.

Funktionendiagramm (FuDia)

Organisatorisches Hilfsmittel, um in der Praxis meist sehr komplexe »Aufgabenbündel« (vgl. Aufgaben- und Funktionsgliederung) auf den einzelnen Stellen, Arbeitsgruppen und Bereichen möglichst sauber »abzubilden« und dabei vor allem auch – was bei einer Stellenbeschreibung (siehe dort) nicht möglich ist – das »Zusammenwirken« zwischen den einzelnen beteiligten Stellen und Personen deutlich zu machen.

Funktions-Kosten-Optimierung (FKO)

Von der Unternehmensberatung Knight-Wegenstein (später: Knight-Wendling) eingesetztes, weitgehend der GWA-Methodik entsprechendes Instrumentarium, um – insbesondere im administrativen Bereich –

- *Funktionen* »aufzubrechen«,
- Art, Kosten und Zweck einzelner *Leistungen* zu durchleuchten,
- den »*Nutzer*« *einer Leistung* mit diesen Kosten zu konfrontieren,
- sich damit von dem »Bisherigen« mit Hilfe einer Art »*Veränderungsmanagement*« (Change Management) zu lösen

- und insgesamt *Kostensenkung* und *Effizienzsteigerung* (ggf. auch einfach Risikominderung) in den untersuchten Bereichen zu erzielen.

Schrittfolgen dabei:
(1) *Kurz*analyse (wo liegen FKO-»Potentiale«?),
(2) *Detail*analyse (ähnlich GWA),
(3) *Realisierung* (ähnlich GWA).

Vorgehensprinzip: Projekt-Organisation
(Beteiligte: Geschäftsleitung, Linien-Manager, Projekt-Team, Berater als Trainer und Moderator);
eingesetzte Arbeitstechniken: Ablaufstudien, Stichproben- und Schätzverfahren, ABC-Analysen, Kennzahlen, Checklisten, im »kreativen Bereich« auch Brainstorming und Szenario's.

Gemeinkosten-Aufwand/Nutzen-Analyse (GANA) – Strukturkostenanalyse

Am Betriebswirtschaftlichen Institut der ETH Zürich entwickeltes, der GWA-Methodik weitgehend entsprechendes Instrumentarium, um in erster Linie

- dem »Nutzer« einer Leistung den *Aufwand* für diese Leistung offen zu legen
- und auf diese Weise ein *vernünftiges Verhältnis zwischen Aufwand und Nutzen* herzustellen.

Schrittfolgen dabei:
(1) *Grob*analyse und *vorbereitende Maßnahmen*
    (Eingrenzung, Schwerpunktbildung, Projektorganisation),
(2) *detaillierte Ist-Aufnahme*
    (Aufgaben, Tätigkeiten, Arbeitsergebnisse),
(3) gezielte *Aufwandsermittlung*
    (in Zeit und Geld und nach Prioritäten),
(4) gezielte *Nutzenermittlung*
    (Nutznießer und Nutzen, quantifizierbarer und nur qualifizierbarer Nutzen?),
(5) Gegenüberstellung von *Aufwand und Nutzen*

(Ist Abbau oder Wegfall möglich? Aufstellung eines poten-
tiellen Maßnahmenkatalogs),
(6) *Entscheidungsphase*
    was bleibt, was wird geändert?),
(7) *Realisierung* und *»Erfolgs«-Kontrolle.*

Vorgehensprinzip: Projekt-Organisation
(Beteiligte: Geschäftsleitung, Projektleiter, Bereichs-Verantwort-
liche, sog. »GANA-Beauftragte«, »Clearing-Stelle«);
eingesetzte Hilfsmittel: in etwa wie bei GWA, zuzüglich »Nut-
zen-Aspekte« (vgl. Nutzwertanalyse – NWA), *keine* »Zielvorgabe« (wie z.B. bei OVA), *keine* Kreativitätstechniken.

Gemeinkosten-Systems-Engineering (GSE)

Von der Kienbaum-Unternehmensberatung eingesetztes, weitgehend der GWA-Methodik entsprechendes Instrumentarium,
um

● speziell auch im administrativen Bereich ein besseres *Kosten-/*
  Nutzen-Bewußtsein zu schaffen (vgl. auch GANA),
● bestehende *Verfahren* und *Verhaltensweisen* im Sinne der *»Ar-*
  beitsvereinfachung« möglichst dauerhaft zu verändern
● und prinzipiell *alle* in den Gemeinkostenbereich erbrachten
  Leistungen und *Arbeitsergebnisse* in Frage zu stellen
  (hier also besonders starker *wertanalytischer Ansatz* in Richtung Notwendigkeit von Funktionen).

Kerngedanke:
Verknüpfung von drei »klassischen« Ansätzen, nämlich

*Kosten*analyse (Zeitvergleich, Zwischenbetrieblicher Vergleich,
»Marktpreis«). Heute würde man von »Benchmarking« beim
Leistungsvergleich eigen/fremd sprechen.
*Arbeits*analyse (analog »WS«) und
*Wert*analyse.

*Schritt*folgen dabei:
(1) *Vorbereitungsphase*
    (Grobplan, Projektorganisation, Information, Schulung),
(2) *Analyse*phase
    (wobei Ist-Aufnahme, Nutzenanalyse und Entscheidungs-
    findung jeweils »getaktet«, Analyse selbst weitgehend analog
    GWA),
(3) *Realisierungs*phase
    (ABC-Maßnahmenplan, Budgetvorgabe und Erfolgskon-
    trolle).

Besonderheiten: Festes *Einsparungsziel* (rd. ein Drittel des Ist /
straffe Terminvorgabe / Zusage, daß keine Entlassungen)

Vorgehensprinzip: Projekt-Organisation
Beteiligte: »Steuerungsteam«, Leiter der GSE-Einheiten (Fachabteilungsleiterebene), Wertanalysegruppen, Beraterteam, Ent-
scheidungsausschuß (im wesentlichen Geschäftsleitung);
eingesetzte Hilfsmittel: etwa wie bei GWA – aber zuzüglich Ko-
sten-Nutzen-Analyse (somit ähnlich GANA).

Gemeinkosten-Wertanalyse (GWA)

Oberbegriff für Methoden zur nachhaltigen Verringerung von
Gemeinkosten, die sich der praxiserprobten Techniken der
Wertanalyse (zunächst am Produkt) – heute festgeschrieben in
der DIN 69910 – bedienen, dabei ergänzend aber auch Gedanken
und Hilfsmittel aus der »Arbeitsvereinfachung (WS)« anwenden;
ursprünglich reine Übersetzung des englischen Begriffs
»Overhead Value Analysis (OVA)«, inzwischen in vielfacher
Hinsicht weiter »perfektioniert«. (Einzelheiten vgl. Abschnitt 7.)

Geschäfts-Prozeß-Optimierung (GPO)

Von der Diebold Unternehmensberatung im deutschen
Sprachraum eingeführter organisatorisch-konzeptioneller An-
satz – ähnlich wie übrigens bei ZBB, wenn auch auf völlig anderer
Ebene –, ein Unternehmen von der Struktur und den Abläufen

von Grund auf neu zu überdenken, also ebenfalls ein typischer »Change Management«-Ansatz.

Gleichzeitig Versuch der »Abmilderung« (?) des aus dem anglo-amerikanischen Bereich kommenden Begriffs *»Business Process Reengineering (BPR)«*, dem durch die Veröffentlichungen und Auftritte seines impulsivsten Verfechters (Hammer) eine für europäische Verhältnisse vielleicht nicht tragbare »Härte und Radikalität« anhaftet.

Alter Streit unter Experten, nicht nur hier: »Muß ich zunächst alles vernichten, um es dann neu und schöner aufzubauen, oder ist es nicht doch vielleicht zweckmäßiger, auf dem aufzubauen, was bereits vorhanden und auch zweckmäßig verwertbar ist?

Sicher gibt es hierauf keine generelle Antwort, aber das »Hinterfragen« von Bestehendem haben wir uns im übrigen ja bereits allgemein angewöhnt. Wenig hilfreich sind wohl auch Bemühungen, allein von den Begriffen nach »Härtegraden« zu unterscheiden zwischen beispielsweise:

(1) »BPI«, wobei das »I« für »Improvement« steht, was z.B. schlicht eine Verbesserung der vorhandenen Ablauforganisation durch prozeßorientierte *»Entschlackung«* bedeuten soll (und damit vielleicht noch am nächsten an der »klassischen« WS liegt),

(2) BPR1, wobei R1 für ein *»Redesign«* steht, d.h. zwar völlige *Neu*gestaltung, aber eben nur der *wichtigsten Leistungsprozesse* auf dem Wege einer Art »Prozeßrationalisierung«, schließlich aber

(3) BPR2 für das tatsächliche »Reengineering« (im Sinne von Hammer), d.h. im Prinzip völlige *Neustrukturierung des gesamten Unternehmens*, »fokussiert« auf *Kunden, Mitarbeiter* und *Prozesse.*

Interessant für uns vor allem, daß selbst bei der tiefstgreifenden Methode (3) ausdrücklich die Notwendigkeit der *»Selbstorganisation«* ganz besonders hervorgehoben wird.

Die Erfahrungen mit diesen Methoden sind im Augenblick noch viel zu gering, um eine abschließende Beurteilung zu »PRO und CONTRA« der verschiedenen Varianten abgeben zu können.

Trotzdem seien hier – aus einem praktischen Anwendungsfall (mit Unterstützung durch Diebold) – die wichtigsten Teilschritte mit ihren Ergebnissen als Anregung für die eigene Vorgehensweise grob skizziert:

(1) *Voruntersuchung*
    mit den zu erarbeitenden Ergebnissen:
    – *Geschäfts*struktur,
    – *Prozeß*struktur,
    – *Leistungsziele* je Prozeß (sog. »GPO-Ziele«);

(2) *Situationsanalyse,*
    d.h. in »Kleinarbeit« (und vor Ort) die Überprüfung (und in großem Umfang sicherlich auch tatsächlich Neugestaltung) der Prozesse in Richtung der zuvor gesteckten GPO-Ziele, Ermittlung der Potentiale, Suchen von Lösungsansätzen usw. (durchaus ähnlich GWA);

(3) *Konzept-Erarbeitung*
    und zwar in Richtung
    – *Prozeß-Optimierung*
    – *Organisations-Optimierung* und
    – *Ressourcen-Optimierung;*
    in diesem Zusammenhang sicherlich die »anspruchsvollste« Aufgabenstellung;

(4) *Erstellung eines Realisierungsplans,*
    d.h. Festlegen eines Stufenplans für die spätere Umsetzung von einzelnen Projektergebnissen und Einzelmaßnahmen;

(5) *Eigentliche Realisierung,*
    d.h. Installation von *Projektgruppen* zur Umsetzung des Neu-Konzepts, Steuerung, Durchführung und Überwachung der Realisierung/Einführung der beschlossenen *Maßnahmen.*

(Im Prinzip also mit Ausnahme des Schwerpunkts (3) mit seiner »Dreierstoßrichtung« nichts Neues, für den, der sich mit Organisationsprojekten bereits beschäftigt hat.)

Aus Firmen, die nach dieser Methode bereits gearbeitet haben bzw. z.Zt. noch arbeiten, wurden folgende »Erfolgsmeldungen« beispielhaft genannt (keine Gewichtung):

⇒ Veränderung der Gesamtorganisation auf stärker aufgabenorientierte Einheiten bei gleichzeitiger Verringerung der Hierarchie-Stufen (ergibt sich quasi »von selbst«);

⇒ Forcierung der *Team*arbeit auch in Bereichen, in denen man vorher nie auf den Gedanken gekommen wäre. (Diese Teams sind für den von ihnen zu vertretenden Prozeß in vollem Umfang verantwortlich = »*process owner*«-*Prinzip*.)

⇒ Die wesentlichsten *Veränderungsprozesse* wurden von den *Mitarbeitern* »gestaltet« (und auch realisiert)!

⇒ Dabei war allerdings eine »ausgefeilte« – wegen der Vielzahl gleichzeitig laufender Projekte – *Projektorganisation* (mit Lenkungsausschuß, Haupt-Projektleitung und zuarbeitenden Teams unterschiedlicher Besetzung) nötig.

⇒ Die vorher mehr »produktbezogene« *Spartenorganisation* wurde weitgehend in Richtung »*Abnehmer/Kunden*« (Profit Center) umfunktioniert, wobei allerdings ein »Cost Center« als unterstützende Organisationseinheit übrigblieb.

⇒ Die beiden infolgedessen weitgehend neu zu gestaltenden *Hauptprozesse* waren:
A) *Produktentwicklung* und
B) *Auftragsabwicklung*.
Alles andere sind mehr oder weniger »begleitende« Funktionen.

⇒ Über *Kennzahlen* wird sehr sorgfältig das »Niveau« der Leistungserfüllung »controlled« (im Prinzip »*Prozeß-Controlling*«). Diese Kennzahlen sind in einer »Ziel-Pyramide« der verbleibenden Organisationseinheiten in verschiedenen Ebenen zugeordnet.

Der Vorstand dieses Unternehmens, der von Anbeginn in die GPO-Aktivitäten maßgeblich (und auch als »Vorbild«) eingeschaltet war, faßte die wichtigsten Ergebnisse aus seiner Sicht wie folgt zusammen:

(1) »Wir haben schnell erkannt, daß unterschiedliche Geschäfte eben auch unterschiedliche Geschäftsprozesse erforderlich machen.

(2) Der (jetzt) optimierte Gesamtgeschäftsprozeß ist bei uns strukturiert in möglichst einfache (»keep it simple«) und bezüglich Leistung und Verantwortung abgeschlossene Teilprozesse.

(3) Informationsfluß und Informationsunterstützung waren deshalb auszurichten auf die spezifischen Anforderungen und die Durchgängigkeit im einzelnen Geschäftsprozeß.

(4) Die (neue) Struktur der Geschäftsprozesse bestimmte auch bei uns die (neue) Aufbaustruktur (sozusagen *structure follows strategy*«).

(5) Die Ausrichtung und permanente Anpassung der Geschäftsprozesse an die Anforderungen des Marktes erforderte ein (wirklich) prozeßorientiertes Controlling.« (Soweit das Zitat.)

Wir sehen, GPO spielt sich also insgesamt auf einer sehr viel höheren Ebene ab als »konservative« Ansätze der vorgenannten Art. Trotzdem sind auch letztere immer wieder nötig.

ISO 9000

Internationales Regelwerk zum Auf- und Ausbau eines – stets hauseigenen! – *Qualitätsmanagement-Systems*. Dieses QM-System muß, dargestellt in sog. QM-Elementen – praktisch *alle* Verfahren eines Unternehmens grob beschreiben, die dazu beitragen, daß in diesem Unternehmen im wahrsten Sinne des Wortes »Qualität geleistet« (nicht nur »erzeugt«) wird. Dies umfaßt somit praktisch den *gesamten »Auftragsabwicklungs-Prozeß«* – angefangen von der Akquisition und Auftragsklärung beim Kunden (Stichwort: Vertrags- und Machbarkeitsprüfung) über alle sich dann im Hause abspielenden Folgeschritte (z.B. Entwicklung/Konstruktion/Beschaffung/Arbeitsvorbereitung/ Fertigung und Montage einschließlich immer wieder auftauchenden Aktivitäten des Qualitätswesens i.e.S.) bis hin zur Auslieferung/Aufstellung (und ggf. Einfahrens) des gelieferten Produkts und schließlich Kundendienst.

Ein solches QM-System im Sinne der Norm (deutsche/europäische Version: DIN EN ISO 9000 ff., Ausgabedatum 8/94) sollte in Form eines *QM-Handbuches* mit Verfahrensanweisungen beschrieben sein, will man es von einer neutralen Stelle begutachten (Audit) und anschließend »zertifizieren« lassen.

Ein solches *Zertifikat* gilt als Nachweis gegenüber Dritten, daß man quasi seine Hausaufgaben gemacht hat und, wie stichprobenweise überprüft, offensichtlich nach diesem System auch arbeitet.

Es kann verständlicherweise *keine Garantie* sein, daß das Unternehmen die im Handbuch und den Verfahrensanweisungen niedergeschriebenen Abläufe auch »verinnerlicht« hat, schon gar nicht, daß ein »optimales« System dabei entstanden ist.

Unternehmen, die von Auftraggeberseite zu einer Zertifizierung gedrängt wurden, haben z.T. nach »quick-and-dirty«-Lösungen gesucht oder das Thema aus Unwissenheit erheblich »überzogen«. Unternehmen dagegen, die darin eine *Chance* sahen, die *eigenen Abläufe* – insbesondere unter dem Motto »weniger Fehler«, »weniger Kosten«, »wirtschaftlichere Lösung« – *systematisch zu durchforsten*, berichten, daß sich diese Beschäftigung mit den Abläufen für sie gelohnt habe.

Hier liegt auch die unmittelbare Verbindung zu den in diesem Buch genannten Methoden und Analyse-Schwerpunkten (weiterführende Literatur: Schwenke und Runge).

Kommunikations- und Informations-Wertanalyse (KIWA)

Im Hause Siemens entwickelte, auf den Grundprinzipien der »Wertanalyse nach DIN 69910« aufbauende Methodik, insbesondere in den administrativen Bereichen, mit den Zielen:

- einer *Reduzierung der Informationsdurchlaufzeiten* (i.d.R. bis zu 50 % und mehr),
- einer *Verbesserung des Informationswertes* (laut Aussage von Siemens in mehr als 90 % aller Fälle tatsächlich möglich),

• und einer *Verringerung des dafür getätigten Aufwands* (i.d.R. um 10 bis 20 %).

Schrittfolgen: analog DIN 69910.

Vorgehensprinzip: Projekt-Organisation
Beteiligte: »Fachkenner« auf Abteilungsebene, »Informationskreis« (hauptsächlich Organisation und EDV), Entscheidungs- und Beratungsausschuß;
eingesetzte Hilfsmittel: KIWA-spezifische Unterlagen wie z.B. Funktions-DLZ-Matrix, Funktions-Zeit-Matrix, Kommunikations-Beziehungs-Matrix, Funktions-Kosten-Matrix, Funktions-Wert-Matrix.
(Ziel, Vorgehensprinzip und allgemeingültige Erkenntnisse aus KIWA vgl. *Anlage 3* zur Vertiefung.)

Nutzwertanalyse (NWA)

Methode zur Beurteilung von Alternativen im Hinblick auf *nicht* (direkt) quantifizierbare Merkmale mit Hilfe eines (im allgemeinen gewichteten) Kriterienkatalogs und eines Punktebewertungsverfahrens (Note x Gewicht = Punktezahl);
spielt z.B. eine Rolle im Rahmen von Wertanalyse-Projekten, neuerdings auch bei Wirtschaftlichkeitsüberlegungen für sog. »komplexe Systeme«.

NWA-Ansätze finden sich in unserem Zusammenhang insbesondere in den Verfahren »GANA« und »GSE«.

Overhead Value Analysis (OVA)

Älteste bekanntgewordene Methode der »GWA«, anfangs der 70er Jahre aus den USA nach Europa gekommen durch die (international tätige) Unternehmensberatung McKinsey, seither häufig auch als »McKinsey-Methode« bezeichnet.

Global-Zielsetzung:

• *Senkung von Gemeinkosten durch Infragestellen einzelner Funktionen,* zunächst anscheinend auf Abteilungs- und Stel-

len-»*Output*« bezogen (z.B. Berichte, Statistiken usw.), dann aber weiterentwickelt in Richtung jeglicher *Leistung*;
stellte als erste darauf ab, die *Leiter der zu untersuchenden Einheiten* (sog. »LUE's« = Linien-Manager) in der Weise in die (gemeinsamen) Gemeinkostensenkungs-Bemühungen einzuschalten, in dem man sie bewußt zum »Träger des Verfahrens« machte (alte Erkenntnis: »Betroffene zu Beteiligten machen, verstärkt die Motivation und erhöht die Akzeptanz.«

Weitere Besonderheit: *Einsparungsziel* (40%) als reine »Denkhürde« (wurde in Unkenntnis des Verfahrens am Anfang oft vorschnell als »frustrierende, unrealistische Zielvorgabe« abgetan.)

Schrittfolgen dabei:

(1) *Vorbereitungs*phase
(Schulung, Projektorganisation, Projektplanung),

(2) *Analyse*phase
(Auflistung aller Leistungen mit jeweils geschätztem Aufwand, Konfrontation der »Nutzer« mit diesen Werten, Aufforderung zum Einsparen, Entwicklung von Einsparungsideen, Prüfung der Realisierbarkeit dieser Ideen, Einstufung möglicher Maßnahmen nach ABC-Kriterien und Festlegung von Aktionsprogrammen),

(3) *Realisierungs*phase
(Durchführung der beschlossenen Maßnahmen und Erfolgskontrolle).

Vorgehensprinzip: Projekt-Organisation
(Hauptarbeit leistet die betroffene Organisationseinheit = »LUE«, unterstützt durch Vollzeitteams = sog. »OVA-Experten«, i.d.R. moderiert durch einen Außenstehenden = Berater, daneben wie üblich: Lenkungsausschuß [i.d.R. Geschäftsleitung].)

Die OVA hat sich – insbesondere durch die *straffe Terminvorgabe* (keine Terminverschiebungen) – in der Praxis bei ausgesprochenen *Krisensituationen* (sog. »Crash-Management«) besonders gut bewährt.

Einsparungen lagen allerdings meist erheblich unterhalb der o.a. »Ziellinie«, d.h. bei etwa 20–25 %; auch hier die feste Zusage, daß *keine Entlassungen* vorgenommen werden (konnte nicht immer eingehalten werden).

Selbstaufschreibung

Neben den »strengeren« organisatorischen Erhebungstechniken der Befragung/des Interviews und/oder Fremd-Beobachtung insbesondere bei größerem Erhebungskreis gern eingesetztes Verfahren, zunächst einmal vor allem *Tätigkeiten, Mengen-* und *Zeitangaben* zu ermitteln, aus diesem Grunde sozusagen eine »tragende Säule« sowohl in der *Arbeitsvereinfachung (WS)* als auch in der *Gemeinkosten-Wertanalyse (GWA)*.
(Anders bei aufwendigeren Verfahren wie GPO.)

Die Anwendung setzt allerdings entweder die Vorgabe von »Tätigkeitskatalogen (Tätigkeitsraster)« oder eine vorbereitende Schulung der zu Befragenden in dieser Technik voraus.
Ergänzende »Mängel- oder Wunschlisten« sind dabei zu empfehlen.
Die Ergebnisse der Selbstaufschreibung sind natürlich auf »Plausibilität« zu prüfen, liefern aber dem Organisator i.d.R. insgesamt ausreichende Informationen zur Beurteilung von groben Organisationszusammenhängen (und z.T. auch -abläufen).

Stellenbeschreibung

Organisatorisches Hilfsmittel, um zum einen die (vertikale und auch horizontale) *Einbindung* einer Stelle (eines Stelleninhabers) in die betriebliche Organisationsstruktur, d.h. z.B. Unterstellungsverhältnis, Stellvertreterregelung usw. zu fixieren, zum anderen aber auch, um *Aufgaben, Befugnisse* und *Verantwortung* (Pflichten) des Stelleninhabers sowie seine Informations- und Kommunikationsbeziehungen zu anderen Stellen deutlich zu machen;
gilt allgemein als *das* organisatorische Instrument zur Aufgabenverteilung und Kompetenzregelung, sollte aber in der Praxis ei-

gentlich stets ergänzt werden um *Funktionendiagramme* (vgl. dort) oder auch *Arbeitsverteilungsübersichten* (vgl. Arbeitsvereinfachung).

Andere Hilfsmittel mit ähnlichem Charakter: »Funktionsbeschreibung«, »Pflichtenheft«, »Tätigkeits- oder Aufgabenbeschreibung«, »job description«.
(Stellenbeschreibungen waren u.a. das Kernstück des sog. »Harzburger Modells«, haben aber inzwischen erheblich an Bedeutung eingebüßt. Nach wie vor sehr zweckmäßig bei »Schlüsselpositionen«.)

Total Quality Management (TQM)

Nach der Definition der ISO/DIS 8402:

»Auf der Mitwirkung *aller* ihrer Mitglieder beruhende *Führungsmethode* einer Organisation, die Qualität in den Mittelpunkt stellt und durch *Zufriedenheit der Abnehmer* auf *langfristigen Geschäftserfolg* zielt, eingeschlossen für die einzelnen Mitglieder der Organisation (des Unternehmens) und (auch) für die Gesellschaft«. (Hervorhebungen durch den Verfasser.)
Der TQM-Ansatz geht somit weit über die Forderungen der ISO 9000 ff. hinaus. Man kann aber sagen, daß es für ein Unternehmen durchaus sinnvoll ist, sich durch die Beschäftigung mit dem eigenen QM-System (im Sinne der Norm) einen guten »Einstieg« in das TQM-Thema zu schaffen. (Experten streiten sich z.Zt. darüber, ob die Norm nur 40 oder sogar mehr als 50 % eines anzustrebenden TQM-Systems abbildet. Dies ist sicherlich müßig.)
Zu TQM-Aktivitäten gezählt werden können z.B. Kundenzufriedenheits-Befragungen, Mitarbeiterschulung und -training in modernen QM-Methoden, Qualitätszirkel-Arbeit, Fehlerfrüherkennung, Null-Fehler-Ansätze (heute gern unter dem Motto: »Immer öfter weniger Fehler«), KAIZEN (=Methode der schrittweisen kontinuierlichen Verbesserung, gern auch »KVP«, z.T. sogar »KVP2« genannt), FMEA (= Failure Modes and Effects

Analysis, übertragen: »Fehlermöglichkeiten- und Einflußanalysen« u.v.a.m.

Dahinter steckt also erneut der alte »WS«-Ansatz, daß es im Prinzip – mit entsprechenden, aber wirtschaftlich im Rahmen bleiben müssenden Anstrengungen – immer noch ein bißchen besser gehen wird. Zu einem konsequenten TQM-Ansatz müssen dabei 4 Faktoren, die dem Controller nicht fremd sein werden, sinnvoll zusammenwirken:

- *Kunden*orientierung,
- *Mitarbeiter*orientierung (vielfach ein Management-Problem),
- Bereitschaft zu *präventivem* Verhalten und
- *Prozeß*orientierung.

Den Japanern sagen europäische Besucher nach, daß sie mindestens im 3. Punkt nicht nur überzeugt und begeistert, sondern geradezu »besessen« an die Sache herangingen. Hier liegt in deutschen Unternehmen vielleicht noch der größte »Nachholbedarf«. (Weiterführende Literatur vgl. Runge.)

Zero Base Budgeting (ZBB)

Letzter, vermutlich aber dem Controller von allen vorgenannten der geläufigste Begriff, allgemein verwendet für ein Verfahren der *Planung* und *Budgetierung*, das alles »Gewesene« von Grund auf in Frage stellt;
entwickelt bei Texas Instruments (P. Pyrrh) und in Deutschland besonders propagiert von der (international tätigen) Unternehmensberatung A.T. Kearney.

Schrittfolgen dabei (hier im Sinne einer »GWA«):

Phase 1 – Setzen strategischer und operativer *Ziele*, Festlegung der verfügbaren *Mittel* und Bestimmen der *ZBB-Schwerpunkte* durch die Unternehmensleitung,

Phase 2 – *Zerlegung* des Gesamtkomplexes (hier zu untersuchender Gemeinkostenbereiche) in einzelne *Analyseeinheiten* (evtl. deckungsgleich Organisationseinheiten), Ermittlung der dazugehörigen *Personal- und Sachkosten*,

Phase 3 – Ausfindigmachen *alternativer Verfahren*, die zur K o -
s t e n e i n s p a r u n g dienen könnten (d.h. die alte
Frage »Reduzierung, Wegfall oder anderes Verfahren
zur Erstellung einer Leistung?«),
Phase 4 – Beschreibung verschiedener *Leistungsniveaus* (LN)
– mit »Köpfen« und dazugehörigen Kosten:
Leistungsniveau 1 = unverzichtbare Leistungen,
Leistungsniveau 2 = in etwa derzeitiger Zustand,
Leistungsniveau 3 = wünschenswerter, anzustreben-
der Zustand,
Phase 5 – Festlegung einer *Rangordnung* der beschlossenen
»*Entscheidungspakete*« mit jeweiligen(m) Kosten und
Nutzen,
dieser Schritt ggf. »iterativ« (Phase 6 und 7),
Phase 8 – *Festlegung* der endgültigen *Budgets*, i.d.R. verbunden
mit einem »*Budget-Schnitt*«,
Phase 9 – *Überwachung der Budgets* durch den Controller.

Mit Blick auf die »GWA« liegen die stärksten Berührungspunkte
somit in den Phasen 2 bis 5.
Über die »*Gemeinkostensenkung*« hinaus ist ZBB ein sehr wichtiges Hilfsmittel der »*Unternehmens-Strategie-Entwicklung*«.
Der in ZBB enthaltene »*Umverteilungsgedanke*« (z.B. leistungs-
fähige Maschine anstelle in den Beständen gebundenen »toten
Kapitals«) wurde von einigen GWA-Varianten in der Zwi-
schenzeit konsequent aufgegriffen (vgl. dazu insbesondere Abschnitt 7).

Abschnitt 10

Formularbeispiele zur Standardmethode der Arbeitsvereinfachung

Die im Text der Abschnitte 3 bis 7 geschilderten Formulare und Beispiele folgen jetzt hintereinander. Sie bieten die *personal- und ablauforganisatorische Seite bei der Kostenplanung*. Immer handelt es sich um *Schrittmacher*, die verhindern sollen, daß man einfach Entscheidungen »fällt« – häufig im Stile des »wie früher schon« –, sondern daß man sie vorurteilsfrei und im Team findet. Ent-scheiden bedeutet: rausnehmen, was scheidet. Also integrierte Lösungen finden. Und vor das Finden ist das Suchen gesetzt.

Das Suchen nach der Lösung auf dem Weg zum Optimum ist soviel wie Planung. Über Gewesenes kann nicht mehr entschieden werden. Man kann allenfalls noch eine Lehre daraus ziehen. Aber Entscheidungen betreffen die Zukunft.

Deshalb *ist Entscheiden soviel wie Planen.* Das Wägen und das Wagen! *Um besser wägen zu können, ob man es so wollen soll, die folgenden Werkzeuge als Problemlösungs-Instrumente*:

Bestehende Methode	(Nichtzutreffendes streichen) ——→	Vorgeschlagene Methode

Aufgabenliste   Nr.:

(Wird vom Leiter einer Arbeitsgruppe erstellt)

Lfd. Nr.	Bezeichnung der Aufgaben	Anzahl der Wochenstunden	In % der Gesamtstunden	Aufgabengruppe I - IV	Stunden	Prozente der Aufgabengruppen
1						
2						
3						
4						
5						
6						
7						
8						
9						
10						

11					
12					
13					
14					
15					

| Gesamtstunden: | | ↖ 100 % | | / | = 100 % |

| Der Vorgesetzte trägt die Aufgaben der Bedeutung nach ein, nach den Aufgabengruppen gegliedert. | Aufgabengruppen: | Die Formel zur Errechnung der Prozentzahl lautet: $\dfrac{x}{100\,\%} = \dfrac{\text{Teilstundenzahl}}{\text{Gesamtstundenzahl}}$ Beispiel: $\dfrac{x}{100} = \dfrac{85}{400}$; $x = \dfrac{85 \cdot 100}{400} = 21{,}25\ \%$ |

Erstellt durch:	Datum:	Kostenstelle:
Arbeitsgruppe:	Bezeichnung:	
Weiter an Arbeitsvereinfachungsausschuß am:	Rücksprache mit Ersteller am:	Behandelt im Ausschuß am:

Entscheidung (notfalls Rückseite benutzen):

Bestehende Methode	←—— (Nichtzutreffendes streichen) ——→	Vorgeschlagene Methode

Tätigkeitenliste Nr.:

Name: _____ Vorname: _____
Stellung: _____ Kostenstelle: _____

(Wird von jedem Angehörigen der untersuchten Gruppe ausgefüllt.)

Lfd. Nr.	Beschreibung der Tätigkeiten	Wochen-Stunden	Anzahl der Vorfälle	Gehört zur Aufgabe Nr.:
1				
2				
3				
4				
5				
6				
7				
8				
9				
10				

| 11 |
| 12 |
| 13 |
| 14 |
| 15 |
| 16 |
| 17 |
| 18 |
| 19 |
| 20 |

Gesamtstunden:

| | Überprüft auf | Richtigkeit der Zeiten und der Anzahl | durch |
| | | Vollständigkeit der Tätigkeiten | |

Datum:

| Rücksprache mit Ersteller am: | Behandelt im Ausschuß am: |

Weiter an Ausschuß:

Entscheidung (notfalls Rückseite verwenden):

Arbeitsverteilungsbogen der Abteilung ....

Bestehende Methode	Vorgeschlagene Methode
(Nichtzutreffendes streichen)	

Erstellt durch:

Datum: Kostenstelle:

Lfd. Nr.	Aufgaben	Std.	%	Name: Stellung: Lohn-/Gehaltsgruppe:			Name: Stellung: Lohn-/Gehaltsgruppe:		
				Tätigkeiten	Std.	An-zahl	Tätigkeiten	Std.	An-zahl

Gesamt: 100 %

Zur Analyse folgende 6
Schlüsselfragen anwenden:

1. Welche Aufgaben nehmen die meiste Zeit in Anspruch?
2. Wird zuviel Zeit auf unwichtige Dinge vergeudet?
3. Sind die Mitarbeiter ihrer Bezahlung entsprechend eingesetzt?
4. Verrichten sie zu viele Dinge, die nichts miteinander zu tun haben?
5. Sind gleichgeartete Tätigkeiten auf zu viele Personen verteilt?
6. Ist die Arbeit gleichmäßig verteilt?

Bestehende Methode	Vorgeschlagene Methode	**Arbeitsverteilungsbogen** der Abteilung						
(Nichtzutreffendes streichen)		Name:			Name:		
Erstellt durch:		Stellung:			Stellung:		
Datum:	Kostenstelle:	Lohn-/Gehaltsgruppe:			Lohn-/Gehaltsgruppe:		
Lfd. Nr.	Aufgaben	Std.	%	Tätigkeiten	Std.	An-zahl	Tätigkeiten	Std.	An-zahl
	Gesamt:		100 %						

Zur Analyse folgende 6 Schlüsselfragen anwenden:	1. Welche Aufgaben nehmen die meiste Zeit in Anspruch?
	2. Wird zuviel Zeit auf unwichtige Dinge vergeudet?
	3. Sind die Mitarbeiter ihrer Bezahlung entsprechend eingesetzt?

Name:			Name:			Name:		
Stellung:			Stellung:			Stellung:		
Lohn-/Gehaltsgruppe:			Lohn-/Gehaltsgruppe:			Lohn-/Gehaltsgruppe:		
Tätigkeiten	Std.	An-zahl	**Tätigkeiten**	Std.		**Tätigkeiten**	Std.	An-zahl

4. Verrichten sie zuviele Dinge, die nichts miteinander zu tun haben?
5. Sind gleichgeartete Tätigkeiten auf zuviele Personen verteilt?
6. Ist die Arbeit gleichmäßig verteilt?

151

Bestehende Methode ← (Nichtzutreffendes streichen) → **Vorgeschlagene Methode**

Arbeitsablaufbogen   NR.:

zum Arbeitsablauf ....

LFD. NR.	BESCHREIBUNG DER STUFEN	SYMBOLE	WEGE M	ZEIT MIN	AN-ZAHL	WAS, WARUM	WO	WANN	WER	WIE	VORSCHLAG ZUR VEREINFACHUNG	ERGEBNIS
								6 FRAGEN				
1		○ ⇧ □ ▷										
2		○ ⇧ □ ▷										
3		○ ⇧ □ ▷										
4		○ ⇧ □ ▷										
5		○ ⇧ □ ▷										
6		○ ⇧ □ ▷										
7		○ ⇧ □ ▷										
8		○ ⇧ □ ▷										
9		○ ⇧ □ ▷										
10		○ ⇧ □ ▷										
11		○ ⇧ □ ▷										
12		○ ⇧ □ ▷										
13		○ ⇧ □ ▷										
14		○ ⇧ □ ▷										
15		○ ⇧ □ ▷										

	16	○ ⇧ □ D ▷				
	17	○ ⇧ □ D ▷				
	18	○ ⇧ □ D ▷				
	19	○ ⇧ □ D ▷				
	20	○ ⇧ □ D ▷				
	21	○ ⇧ □ D ▷				
	22	○ ⇧ □ D ▷				
	23	○ ⇧ □ D ▷				
	24	○ ⇧ □ D ▷				
	25	○ ⇧ □ D ▷				
	26	○ ⇧ □ D ▷				
	27	○ ⇧ □ D ▷				
	28	○ ⇧ □ D ▷				
	29	○ ⇧ □ D ▷				
	30	○ ⇧ □ D ▷				

ABLAUF BETRIFFT FOLGENDE KOSTENSTELLE:

ABLAUF BEGINNT BEI:

ABLAUF ENDET BEI:

ERSTELLT DURCH: _____ DATUM: _____

WEITER AN AUSSCHUSS:

RÜCKSPRACHE M. ERSTELLER AM:

INS BVW ÜBERGEFÜHRT: JA/NEIN / UNTER VV-NR.

ENTSCHEIDUNGEN: RÜCKSEITE BENUTZEN!

BEDEUTUNG D. SYMBOLE	DER ABLAUF BESTEHT AUS ..... STUFEN, DAVON:		
○ = BEARBEITUNG	●	=	%
⇧ = TRANSPORT	⬆	=	% WEGE M
□ = KONTROLLE	■	=	%
D = VERZÖGERUNG	◗	=	%
▷ = LAGERUNG	▶	=	% ZEIT MIN
	GESAMT:	=	100%

Arbeitsplatz-Analysen-Blatt

Artikel (Typ)	....	Zeichnungs-Nr.:	....

Arbeitsgang-Nr.	....	Arbeitsgang:	....

	Maschinen-Nr.	....	Kostenstelle
Werkzeug/Vorrichtgs.-Nr.	Arbeitsplatz-Nr.	....	

Werkstückskizze:

Arbeitsplatz-Anordnung

cm	L 4	L 3	L 2	L 1	Mitte	R 1	R 2	R 3	R 4	cm

75 ... 75
60 ... 60
45 ... 45
30 ... 30
15 ... 15

16 Punkte für Verbesserungen

	Punkte für Verbesserungen	Verbesserung möglich ja	nein
1	Wird beidhändig gearbeitet? Beidhändig beginnen! Beidhändig aufhören!		
2	Sind die Bewegungen symmetrisch und gegenläufig?		
3	Werden einfachste Bewegungen angewandt? Möglichst Finger und Unterarm! Kann Ermüdung verringert werden?		

	Punkte für Verbesserungen	Verbesserung möglich ja	nein
9	Sind die Bewegungen rhythmisch und automatisch? Lasttransport gegen einen festen Anschlag!		
10	Können die Hände durch Fußhebel entlastet werden?		
11	Sind Haltevorrichtungen verwendbar? Kann Haltearbeit einer Hand vermieden werden? Haltearbeit ist ermüdend!		

154

		4	Können die Griffwege verkürzt werden? Bewegungen möglichst im normalen Griffbereich!			12	Sind Auswerfer anwendbar? Mechanisch oder pneumatisch oder durch Schwerkraft!
		5	Sind scharfe Richtungswechsel vermeidbar? Natürliche Bewegungen sollen kurvenförmig sein!			13	Können die Teile fallend zu- und abgeführt werden? Rutschen unmittelbar am Arbeitsort! Vibratoren!
		6	Teile sollten gleiten, kann Tragen vermieden werden?			14	Sind die Werkzeuge in Nähe griffbereit, an bestimmter Stelle?
		7	Ist der Arbeitsplatz zweckmäßig? Sind die Teile geordnet in Behältern? Kreisförmige Anordnung der Behälter!			15	Sind die Werkstücke gut zurechtgelegt? Können sie gestapelt, magaziniert werden?
		8	Verwendung möglichst weniger Einzelteile! Sonst zuviel Denkarbeit.			16	Bequeme Bedienungshebel! Richtige Höhe des Arbeitsplatzes!

Wurde der Mitarbeiter intensiv unterwiesen?   ja ☐   nein ☐

V o r s c h l ä g e zur Verbesserung des Arbeitsganges: ....
(Skizze siehe ....
evtl. Rückseite)..........................

Welche Abteilung sollte Verbesserungen durchführen:	Kostenstelle	Wie groß ist die Ersparnis? .... %	neue Zeitstudie notwendig? ja ☐ nein ☐

durchgeführt durch: ....
Datum: ....
Signum: ....

Betriebsleitung gesehen: ....   Datum: ....   Signum: ....

155

Gruppen-Aufgaben		Gesamt-stunden	Name: Schmidt Stellung: Kolonnenführer Tarifgruppe: V	Std.	Anzahl	Name: Bauer Stellung: Maurer Tarifgruppe: VI	Std.	Anzahl	Name: Mayer Stellung: Maurer Tarifgruppe: VI	Std.	Anzahl
1	Materialtransport	108	Anforderung von Baumaterialien	4	2	Heranschaffen u. Aufstellen bzw. Abbauen und Wegschaffen des Gerüstes oder der Gerüstteile	3		Aufstellen und Abbau des Gerüstes	3	
			Auswahl des Lagerplatzes	1					Abnehmen des Materiales vom Aufzug	2	
2	Mischen v. Mörtel	43	Bestimmung des Mischverhältnisses nach Rücksprache mit einem Maurer	5		Besprechung des Mischverhältnisses mit dem Kolonnen-führer	5		Prüfung der Mörtelmischung	3	
3	Mauern und Verputzen	40	Besprechung von technischen Fragen mit den Maurern	2		Mauern und Verputzen	21	2100	Mauern und Verputzen	17	2000
4	Aufsicht und Verwaltungsarbeit	41	Verwaltung der Gruppe und Beaufsichtigung der Arbeiten	18		Anweisung der Arbeit für den Lehrling	3		Anweisung der Arbeit für den Lehrling	10	
			Ausfüllen der Zeitkarten	2	35	Überwachung der Arbeit des Lehrlings	3				
5	Verschiedenes	48	Besuchen des Architekten und der Firma, um mit ihnen technische Fragen zu besprechen	8	2	Reinigung der Werkzeuge	5	5	Reinigung der Werkzeuge	5	
	Stundensummen:	280		40			40			40	

Arbeitsverteilungsbogen

156

Name: Baumann Stellung: Lehrling Tarifgruppe: IX	Std.	Anzahl	Name: Müller Stellung: Handlanger Tarifgruppe: X	Std.	Anzahl	Name: Hoffmann Stellung: Handlanger Tarifgruppe: X	Std.	Anzahl	Name: Schulze Stellung: Handlanger Tarifgruppe: X	Std.	Anzahl
Bedienung des Aufzuges	15	800	Transport des Materials zum Aufzug und zur Mischmaschine	10	450	Transport des Materials zum Aufzug und zur Mischmaschine	10	400	Heranbringen u. Aufstellen bzw. Abbauen und Wegschaffen des Gerüstes	10	
Abladen und Stapeln des Materials	10		Abladen und Stapeln des Materials	20		Abladen und Stapeln des Materials	20				
			Füllen der Mischmaschine	5	100	Füllen der Mischmaschine	5	100	Bedienung der Mischmaschine und Regulierung des Wasser- zulaufes	20	60
Beaufsichtigung der Handlanger und Anweisung ihrer Arbeiten	5										
Botengänge zum Architekten und zur Firma	5		Reinigen der Werkzeuge	5	5	Reinigen der Werkzeuge	5	5	Reinigen der Maschine	6	5
Botengänge für die Arbeiter	5								Abschmieren der Maschine	4	
	40			40			40			40	

»Maurerkolonne«/IST-ZUSTAND

157

	Gruppen-Aufgaben	Gesamt-stunden	Name: Schmidt Stellung: Kolonnenführer Tarifgruppe: V	Std.	Anzahl	Name: Bauer Stellung: Maurer Tarifgruppe: VI	Std.	Anzahl	Name: Mayer Stellung: Maurer Tarifgruppe: VI	Std.	Anzahl
1	Materialtransport	68	Anforderung von Baumaterialien	4	2						
			Auswahl des Lagerplatzes	1							
2	Mischen v. Mörtel	43	Bestimmung des Mischverhältnisses nach Rücksprache mit einem Maurer	5					Besprechung des Mischverhältnisses mit dem Kolonnenführer	5	
									Prüfung der Mörtelmischung	3	
3	Mauern und Verputzen	58	Besprechung von technischen Fragen mit den Maurern	2		Mauern und Verputzen	29	2900	Mauern und Verputzen	27	3170
4	Aufsicht und Verwaltungsarbeit	41	Verwaltung der Gruppe und Beaufsichtigung der Arbeiten	23		Anweisung der Arbeit für den Lehrling	8		Beaufsichtigung der Handlanger und Anweisung ihrer Arbeiten	5	
			Ausfüllen der Zeitkarten	2	30	Überwachung der Arbeit des Lehrlings	3				
5	Verschiedenes	30	Telefonische Verhandlungen mit dem Architekten und der Firma	3							
	Stundensummen:	240		40			40			40	

Beispiel Arbeitsverteilungsbogen

158

Name: Baumann Stellung: Lehrling Tarifgruppe: IX	Std.	Anzahl	Name: Müller Stellung: Handlanger Tarifgruppe: X	Std.	Anzahl	Name: Schulze Stellung: Handlanger Tarifgruppe: X	Std.	Anzahl	Name: Stellung: Tarifgruppe:	Std.	Anzahl
Bedienung des Aufzuges	15	800									
Heranschaffen und Aufstellen bzw. Abbauen und Wegbringen des Gerüstes	6		Bedienung der Transportanlage	30	1000	Heranbringen und Aufstellen bzw. Abbauen und Wegschaffen des Gerüstes	10				
Abnehmen vom Aufzug	2										
			Füllen der Mischmaschine	10	200	Bedienung der Mischmaschine und Regulierung des Wasserzulaufes	20	60			
Botengänge für die Arbeiter, zum Architekten und zur Firma	5					Reinigen der Maschine	6	5			
Reinigen aller Werkzeuge	12	5				Abschmieren der Maschine	4				
	40			40			40				

»Maurerkolonne« NEUVERTEILUNG (SOLL-ZUSTAND)

Bestehende Methode					← (Nichtzutreffendes streichen) ——— Vorgeschlagene Methode →								

Arbeitsablaufbogen
zum Arbeitsablauf
„Bearbeitung eines Antrags auf Unterstützung"   NR.: 1

LFD. NR.	BESCHREIBUNG DER STUFEN	SYMBOLE	WEGE m	ZEIT MIN	AN-ZAHL	WAS, WARUM	WO	WANN	WER	WIE	VORSCHLAG ZUR VEREINFACHUNG	ERGEBNIS
1	Eingang in Postabteilung											
2	Eintragung in Posteingangsbuch											
3	in Ausgangsablage			10								
4	Zum Registraturangestellten		120									
5	in Eingangskorb			20								
6	Eintragung in Aktenregistratur										Warum 2 Eintragungen? Stufe 6 kann entfallen!	– entfällt –
7	Durchsicht, ob schon Akte vorhanden											
8	Diese an Antrag angeheftet											
9	Entnahme vermerkt										Prüfung sollte gleich bei der Entnahme vorgen. werden	
10	in Ausgangskorb			40								– entfällt –
11	zum Angestellten		180									– entfällt –
12	in Eingangsablage			120								– entfällt –
13	Prüfung auf Adressenänderung											
14	zum Korrespondenten											
15	Diktiert Beantwortung										Vordruckbrief einführen; diesen mit Datum, Name, Nummer und Faksimile-Unterschrift versehen	
16	zum Schreibtisch der Stenotypistin		10									
17	Beantwortung geschrieben											
18	zur Gruppenleiterin			30								– entfällt –
19	in Eingangskorb			130								– entfällt –
20	Prüfung des Entwurfs											– entfällt –

Handwritten annotations on the chart: „Was, Warum?", „Wo?", „Wie?"

Nr.	Tätigkeit	Symbole	Zeit	Bemerkung
21	in Ausgangskorb	O ⇧ □ D ▷		– entfällt –
22	zum Korrespondenten	O ⇧ □ D ▷	40	– entfällt –
23	Beantwortung unterzeichnet	O ⇧ □ D ▷		– entfällt –
24	Unterlagen zum Büroleiter	O ⇧ □ D ▷	25	
25	in Eingangskorb	O ⇧ □ D ▷	35	
26	Befürwortung vorbereitet	O ⇧ □ D ▷		
27	zur Stenotypistin	O ⇧ □ D ▷	10	
28	Befürwortung geschrieben	O ⇧ □ D ▷		
29	zum Sachbearbeiter	O ⇧ □ D ▷	50	– entfällt –
30	in Eingangskorb	O ⇧ □ D ▷	60	– entfällt –
31	auf Formgerechtheit geprüft	O ⇧ □ D ▷		– entfällt –
32	zum Abteilungs-Chef	O ⇧ □ D ▷	130	– entfällt –
33	in Eingangskorb	O ⇧ □ D ▷	120	
34	Anpassung an die Verordnungen	O ⇧ □ D ▷		
35	zurück zum Sachbearbeiter	O ⇧ □ D ▷	130	
36	in Eingangsablage	O ⇧ □ D ▷	120	
37	endgültig auf Formgerechtheit geprüft	O ⇧ □ D ▷		
38	zur Stenotypistin	O ⇧ □ D ▷	50	
39	schreibt endgültige Form der Befürwortung	O ⇧ □ D ▷		
40	zum Büroleiter	O ⇧ □ D ▷	60	
41	in Eingangsablage	O ⇧ □ D ▷	20	
42	Durchsicht	O ⇧ □ D ▷		
43	in Ausgangskorb	O ⇧ □ D ▷	40	
44	zum Abteilungs-Chef	O ⇧ □ D ▷		– entfällt –
45	in Eingangskorb	O ⇧ □ D ▷		– entfällt –
46	Untersucht nach Überprüfung	O ⇧ □ D ▷	240	– entfällt –

Wann? (zu Zeilen 29–32): er bekommt es erst, wenn es der Chef mit den gesetzlichen Bestimmungen verglichen hat.

Wer? (zu Zeilen 44–46): Da der Chef es schon einmal hatte, kann der Büroleiter unterschreiben.

161

„Bearbeitung eines Antrags auf Unterstützung"

LFD. NR.	BESCHREIBUNG DER STUFEN	SYMBOLE	WEGE M	ZEIT MIN	AN-ZAHL
1	Eingang in Postabteilung	○ ⇨ □ D ▼			⌀ 25
2	Eintragung in Posteingangsbuch	● ⇨ □ D ▽			
3	in Ausgangsablage	○ ⇨ □ ● ▽		10	
4	zum Registratur-angestellten	○ ➡ □ D ▽	120		
5	in Eingangskorb	○ ⇨ □ ● ▽		20	
6	Durchsicht, ob schon Akte vorhanden	● ⇨ □ D ▽			
7	Diese an Antrag geheftet	● ⇨ □ D ▽			
8	Prüfung auf Adressen-änderung	○ ⇨ ■ D ▽			
9	in Ausgangskorb	○ ⇨ □ ● ▽		40	
10	zum Korrespondenten	○ ➡ □ D ▽	120		
11	Vordruckbrief abzeichnen	● ⇨ □ D ▽			
12	in Ausgangsablage	○ ⇨ □ ● ▽		10	
13	zur Stenotypistin	○ ➡ □ D ▽	10		
14	Vervollständigung des Vordruckbriefes	● ⇨ □ D ▽			
15	Unterlagen zum Büroleiter	○ ➡ □ D ▽	60		⌀ 25
16	in Eingangskorb	○ ⇨ □ ● ▽		20	
17	Vorbereitung der Befürwortung	● ⇨ □ D ▽			
18	zur Stenotypistin	○ ➡ □ D ▽	60		⌀ 20
19	Befürwortung geschrieben	● ⇨ □ D ▽			⌀ 20
20	zum Abteilungs-Chef	○ ➡ □ D ▽	70		
21	in Eingangskorb	○ ⇨ □ ● ▽		120	
22	Änderung des Schriftsatzes nach Bestätigung	● ⇨ □ D ▽			
23	zum Sachbearbeiter	○ ➡ □ D ▽	80		
24	in Eingangsablage	○ ⇨ □ ● ▽		120	
25	Befürwortung auf Form-gerechtheit geprüft	○ ⇨ ■ D ▽			
26	zur Stenotypistin	○ ➡ □ D ▽	20		⌀ 15
27	endgültige Form geschrieben	● ⇨ □ D ▽			„
28	zum Büroleiter	○ ➡ □ D ▽	60		„
29	im Eingangskorb	○ ⇨ □ ● ▽		40	„
30	Unterschrift nach Prüfung	■ ⇨ □ D ▽			„

Der bestehende Ablauf umfaßte 46 Stufen, davon:

●	=13	= 28,2%	
➡	=14	= 30,5%	1045 WEGE M
■	= 5	= 10,9%	
D	=13	= 28,2%	985 ZEIT MIN
▼	= 1	= 2,2%	
46		= 100%	

Der verbesserte Ablauf besteht aus 30 Stufen, davon:

●	=10	= 33,3%	
➡	= 9	= 30,0%	600 WEGE M
■	= 2	= 6,6%	
D	= 8	= 26,8%	380 ZEIT MIN
▼	= 1	= 3,3%	
30		= 100%	

Unterschied:		Weniger Aufwand in %
Gesamt =	46 : 30	= 34,8 %
○ =	13 : 10	= 23,0 %
⇨ =	14 : 9	= 35,7 %
□ =	5 : 2	= 60,0 %
D =	13 : 8	= 38,5 %
▽ =	1 : 1	
Wege in m =	1045 : 600	= 43,4 %
Zeit in Min. =	985 : 380	= 59,6 %
Personen =	9 : 7	= 22,3 %

Anlagen

(1) Aufgaben- und Aktivitätenliste für ein mittleres Maschinen-bau-Unternehmen
(2) Checkliste zur Verbesserung der persönlichen Arbeitseffizienz
(3) Ziele, Checkfragen und Erkenntnisse aus der Kommunikations- und Informations-Wertanalyse (KIWA)

Anlage 1
Aufgaben- und Aktivitätenliste für ein mittleres Maschinenbau-Unternehmen (Quelle: VDMA)

Wichtigste Grundlage für die Erstellung eines Funktionendiagramms ist ein Aufgabenkatalog, der systematisch gegliedert, alle Aufgaben umfaßt, die in einem Unternehmen vorkommen können. Da seine Erarbeitung den meisten Unternehmen im ersten Anlauf schwierig erscheint, ist im folgenden ein Standard-Katalog für Aufgaben und Tätigkeiten zusammengestellt, der als Gerüst für eine betriebsindividuelle Aufgaben- und Tätigkeitsliste dienen kann. Eine solche Liste ist natürlich immer um betriebsspezifische Besonderheiten zu ergänzen.

Die einzelnen Tätigkeiten sind im vorliegenden Beispiel nach Bereichen – und innerhalb der Bereiche nach Aufgabengebieten – untergliedert. Dies geschieht unter rein logischen Gesichtspunkten sowie unter vornehmlicher Anwendung des Gliederungsmerkmals »Verrichtung« und muß nicht übereinstimmen mit einer organisatorischen Gliederung, wie sie beispielsweise im Organisationsplan in Erscheinung tritt. Denn bei der Abgrenzung organisatorischer Bereiche spielen bekanntlich Arbeitsmengen und personelle Kapazitäten zusätzlich eine wichtige Rolle.

Die Tätigkeiten/Aktivitäten der Spalte 3 lassen sich in den meisten Fällen noch tiefer untergliedern. Da hierbei aber i.d.R. den betrieblichen Besonderheiten Rechnung getragen werden muß (z.B. nach Erzeugnisgruppen o.ä.), sind weitere Untergliederungsmöglichkeiten in Spalte 4 nur beispielhaft angedeutet.

Bereich	Aufgabengebiet	Tätigkeiten/Aktivitäten	Beispiele für weitere Untergliederung
1	2	3	4
1. Beschaffung (Einkauf, Lager, Transport)	*1.1 Einkauf*	Lieferantenmarktforschung Ermittlung optimaler Bestellmengen	
		Richtlinien für Einkaufspreise und -Konditionen	nach Materialarten, Teilen, Produkten, ggf. auch nach Lieferantengruppen
		Richtlinien für die Lieferantenauswahl Einkaufsbudget Einkaufspreisplanung Liefererterminplanung Prüfung von Materialanforderungen Anfrage schreiben, Angebot einholen Lieferantendatei führen Angebotsvergleiche Preisverhandlungen Lieferantenauswahl Bestellung (Termin, Menge, Preis, Konditionen) Bestellüberwachung (Eingang Auftragsbestätigung bzw. Lieferung) Feststellung und Klärung von Beanstandungen Einkaufsstatistiken führen (z.B. Einkaufsvolumen, Betellobligo usw.)	

1.2 Wareneingang

Richtlinien der Wareneingangsprüfung (Menge + Qualität)
Prüfpläne und -methoden
Warenannahme
Mengenkontrolle
Qualitätskontrolle
Wareneingangsmeldung schreiben,
Wareneingangsbuch führen
ggf. Zollabwicklung
Leergutverwaltung

1.3 Lagerwesen und Transport

Grundsätze Lagerordnung und Materialfluß
Richtlinien der Lagerhaltung (Kapitalbindung, Servicegrad usw.)
Lieferortfestlegung, Lagerortzuteilung
Lagerbestandsführung und -überwachung
Lagerentnahme, Lagergutbereitstellung
Inventur
Lagerbereinigung
Lagerstatistiken führen
Transportwege und -mittel festlegen
Transportprogrammplanung
Transportmitteldisposition
Transportmittelwartung
Transportpapiere erstellen

Bereich	Aufgabengebiet	Tätigkeiten/Aktivitäten	Beispiele für weitere Untergliederung
2. Produktion	2.1 *Produktionsanlagen planen und bereitstellen*	Fertigungsverfahren und -methoden gestalten	
		Fertigungsorganisation	
		Materialfluß planen und organisieren	
		Kapazitätsauslegung klären	
		Investitionen	
		Auswahl und Beschaffung von Betriebsmitteln	
		Betriebsmittelkonstruktion	
		Anlagenverwaltung, Anlagendatei	
		Wartung und Instandhaltung	
		Energieversorgung	
	2.2 *Fertigungsvorbereitung und Fertigung*	Richtlinien zur und Entscheidungen über Entwicklung und Untersuchung von Verfahren, Arbeitstechniken und Materialien	
		Richtlinien für und Entscheidung über Eigenfertigung oder Fremdbezug	
		Entscheidungen über Kapazitätsverteilung	
		Produktionsprogramm festlegen	
		Stücklistenauflösung (Bruttobedarfsermittlung)	nach Produktgruppen

	Materialdisposition	nach Maschinengruppen
	Stücklistenorganisation (Erstellung und Pflege)	nach Werksbereichen oder Maschinengruppen
	Terminplanung	
	Kapazitätsbelegungsplanung	
	Vergabe der Fertigungsaufträge/Arbeitsverteilung im Betrieb	
	Erstellen der Arbeitspapiere	
	Arbeitsplanorganisation (Erstellung und Pflege)	
	Fertigungsüberwachung	
	Transportsteuerung, Zwischenlagerbeschickung	
	Produktionsdatenerfassung	
	Arbeitsablauf- und Zeitstudien	
	Akkord- und Prämienfestsetzung	
	Hilfsbetriebe steuern	
	Qualitätskontrolle	
3. Absatz		
3.1 *Marketing, Werbung, Verkaufsförderung*	Marktforschung, Marktbeobachtung	nach Produktgruppen, Märkten
	Konkurrenzbeobachtung	
	Bedarfsprognosen	
	Produktauswahl, Sortimentsgestaltung,	
	Verkaufsprogramm	
	Innovationsüberlegungen	
	Produkteinführung	
	Werbe- und Marktstrategie	

167

Bereich	Aufgabengebiet	Tätigkeiten/Aktivitäten	Beispiele für weitere Untergliederung
		Werbemaßnahmen im einzelnen (Werbemittel, Werbeträger) Presseinformationen, Öffentlichkeitsarbeit Akquisition, Kundenkontakte Verkaufsförderung durch Messen und Ausstellungen Verkaufsförderung durch Schulung Anwendungstechnische Beratung Absatzmethoden, Absatzwege (zentral, dezentral, Handelsvertreter oder Reisende usw.)	nach Produktgruppen oder Bereichen
		Vertretereinsatzplanung und -steuerung	je Erzeugnis, je Abnehmerkreis, je Kunde, je Bezirk
		Vertreterbetreuung und -abrechnung Preispolitik, Preiskalkulation und Preisgestaltung (Konkurrenzpreise, Selbstkostenpreise, Einzel- oder Standardpreise) Angebotspreis-Dokumentation (Kalkulationsunterlagen) Preislisten erstellen	
	3.2 *Auftragsbearbeitung, Auftragsabwicklung*	Richtlinien für Projektbearbeitung Anfragenprüfung (lohnt Beantwortung?) Festlegung des Detaillierungsgrades der	

Projektausarbeitung, evtl. Erstellen einer Vorstudie

Hereinnahme des Projekts (nach Entscheidung über Preis, Termin und Konditionen)

Angebotserstellung und -abgabe

Angebotsverfolgung

Angebotserfolgsstatistik

Richtlinien für Auftragsbearbeitung (z.B. hinsichtlich Finanzierung, Haftung usw.)

Auftragseingangs- und Absatzplanung

Auftragsprüfung, Auftragsklärung, Auftragsumsetzung

Auftragsabschluß, Auftragsbestätigung

Auftragsüberwachung

Fakturierung

Provisionsabrechnung

Zusammenstellen von Produkt- und technischen Informationen (z.B. Bedienungsanleitung, Wartungsanweisungen usw.)

Auftragserfassung und -auswertung (Nachkalkulation, Auftragsstatistiken)

3.3 Lager und Versand, Außenmontage

Richtlinien der Lagerhaltung, Halb- und Fertigfabrikate, Ersatzteile

Lagerorganisation

Beständeplanung

Beständeüberwachung

Bereich	Aufgabengebiet	Tätigkeiten/Aktivitäten	Beispiele für weitere Untergliederung
		Bestandsführung	
		Festlegen der Versandwege, Transportmittelauswahl	
		Verpackungsdisposition	
		Verpacken, verladen, Frachtabrechnung	
		Abstimmung Versand- und Liefertermine	
		Erstellen Versand- und Ausfuhrpapiere	
		Richtlinien für Außenmontage	
		Monteureinsatzplanung (Termine, Hilfsmittel, Personal)	
		Monteureinsatzvorbereitung	
		Montageangebote erstellen	
		Montageaufträge schreiben	
		Montageabrechnung	
		Montageberichte auswerten	
	3.4 Kundendienst, Ersatzteilwesen	Mängelursachenanalyse	
		Kundendienstorganisation	
		Richtlinien Garantie- und Kulanzregelungen	
		Schulung Kundendienstmitarbeiter (-monteure)	
		Technische Kundendienst-Informationen erstellen	
		Wartungsverträge	

Wartungsabwicklung
Garantiestatistik führen
Erzeugnislebenslauf führen
Auswertung Monteurberichte
Grundsätze der Ersatzteillagerhaltung
(Servicebereitschaft, Kapitalbindung)
Ersatzteil-Beständeplanung
Ersatzteildisposition
Ersatzteil-Bestandsführung und
-überwachung
Monteureinsatzdisposition
Ersatzteil-Auftragsabwicklung
Reparatur-Auftragsabwicklung
Garantieabrechnung
Vertriebsdokumentation

4. Entwicklung und Konstruktion

4.1 Produktentwicklung

Richtlinien für die Gestaltung von Produkten
Produktplanung
E. u. K.-Durchführungsplanung
Prinzipskizzen erstellen
Produktentwurf, Entwurfsoptimierung
Technische Berechnungen
Projektplanung

4.2 Produktausarbeitung, Prototyp

Projektieren
Konstruieren
Konstruieren und Stücklisten erstellen

Bereich	Aufgabengebiet	Tätigkeiten/Aktivitäten	Beispiele für weitere Untergliederung
		Prototyperstellung Auftragssteuerung und -überwachung	
	4.3 Versuche	Grundlagen-Versuche und Entwicklung Anwendungstechnische Versuche für Kunden Versuchsüberwachung und -auswertung	
	4.4 Dokumentation	Richtlinien für die Normung und Dokumentation Zeichnungsverwaltung, Zeichnungsänderungsdienst Technische Dokumentation Vervielfältigen, Pausen	
	4.5 Patente und Lizenzen	Beobachtung von Patenten und Lizenzen Vergabe oder Erwerb von Lizenzen Anmeldung von Patenten Patentschutz und Patentrecherchen	
	4.6 Normung	Festlegen von Nummernsystemen Erstellen und Verwaltung von Normteilkatalogen Überwachen der Einhaltung von Normen Wertanalyse betreiben	

5. Finanz- und Rechnungswesen	*5.1 Finanzen*	Analyse des Kapital- und Geldmarktes	
		Entscheidung Fremd- oder Eigenfinanzierung	
		Finanzierungsrichtlinien	
		Investitionsrichtlinien	
		Liquiditätsplan aufstellen	
		Finanzkennziffern verfolgen	
		Richtlinien für Budgeterstellung	
		Budgets koordinieren und überwachen	
		Kreditaufnahme, -gewährung	
		Laufzeit der Kredite überwachen	nach Fristigkeit
		Investitionsentscheidungen	nach Objektgröße
		Investitionskontrolle	
		Insolvenzsicherung	
		Finanzmitteldisposition	nach Fristigkeit
		Kassenführung	
		Zahlungsfreigabe	
		Überweisungsverkehr	
		Versicherungsfragen	
	5.2 a) Geschäfts-buchführung	Bilanzierungs- und Buchhaltungsrichtlinien aufstellen und ihre Einhaltung überwachen	
		Planbilanzen erstellen	
		Jahresabschluß vorbereiten und durchführen	
		Auskunftserteilung gegenüber Prüfern	
		Bilanzvergleiche	

173

Bereich	Aufgabengebiet	Tätigkeiten/Aktivitäten	Beispiele für weitere Untergliederung
		Geschäftsvorfälle buchen	nach Wertklassen
		Kontenführung (Debitoren/Kreditoren/Sachkonten)	
		Rechnungsprüfung (sachlich, rechnerisch)	
		Dokumentenprüfung	
		Mahnen	
	5.2 b) *Betriebs-abrechnung/* Controlling	Richtlinien zur Kostenrechnung und Betriebsabrechnung (Kostenarten, -stellen, -träger)	
		Koordinierung der Einzel- und Planung der Gemeinkosten	
		Kontrolle der Kostenentwicklung	
		Nachkalkulation	
		Festsetzen und Überwachen von Verrechnungspreisen	
		Nebenbuchhaltungen führen (z.B. Material-, Anlagen-, Lohn- u. Gehaltsbuchhaltung)	
		Reisekostenabrechnung	
		Inventurbewertung	
		Betriebsergebnisrechnung	
		Kosten- und Leistungsstatistiken	
		Kaufmännisches Berichtswesen	

6. Personal- und Sozialwesen

6.1 *Personalbeschaffung*
Arbeitsmarktbeobachtung
Einstellungs- und Entlassungsrichtlinien
Personalbedarfsrichtlinien
Personalbewertungsrichtlinien
Personalbedarfsplanung
Personalwerbung
Innerbetr. Stellenausschreibungen
Bewerberauslese
Personaldisposition (Einstellungen, Versetzungen, Entlassungen)

Arbeiter, Angestellte, AT

6.2 *Personalverwaltung*
Personalverwaltungsrichtlinien (Vertragsgestaltung, AT-Gehälter)
Lohnabrechnungssysteme
Personalbeurteilung
Personalkostenplanung
Stellenbeschreibungen, Arbeitsplatzbewertung
Stellenbesetzung
Personalaktenverwaltung
Lohn- und Gehaltsabrechnung
Arbeits- und Sozialrechtsfragen
Personalstatistiken

6.3 *Aus- und Weiterbildung*
Entscheidungen über Trainingsprogramme, Trainingsmethoden
Richtlinien zur Personalförderung

175

Bereich	Aufgabengebiet	Tätigkeiten/Aktivitäten	Beispiele für weitere Untergliederung
		Aus- und Weiterbildungsmaßnahmen (Schulung)	
		Lehrlingsausbildung	
		Mitarbeit im Prüfungsausschuß	
	6.4 Sozialverwaltung	Richtlinien für die Personal- und Sozialarbeit (innerbetriebl. Sozialpolitik)	
		Personalbetreuung	
		Durchführen von Werksfeiern und anderen Veranstaltungen	
		Sozialkostenplanung und -überwachung	
		Verwaltung der Sozialeinrichtungen (z.B. Werkswohnungen, Kantine usw.)	
		Betriebliches Vorschlagswesen	
		Werkszeitung und andere Mitarbeiterinformationen (Ankündigungen, Rundschreiben usw.)	
		Sozialberichterstattung	
		Gesundheitsschutz	
	6.5 Betriebsrat	Laufende Verhandlungen mit dem Betriebsrat	
		Betriebsvereinbarungen	
		Betriebsversammlungen	
		Wirtschaftsausschuß	

7. Allgemeine Verwaltung und Organisation	*7.1 Werkserhaltung, -verwaltung, Werksicherheit*	Wartung, Reinigung u. Reparatur von Gebäuden, Einrichtungen, Arbeitsmitteln, Wegen, Plätzen, Fahrzeugen, Heizung, Belüftung und Beleuchtung Besucherempfang, Telefonzentrale Umweltschutz (Abfall, Abwasser u.ä.) Einsatz Fremdhandwerker Werkschutz, Arbeitsschutz, Unfallverhütung	
	7.2 Organisation und EDV	Organisationsuntersuchungen und EDV-Projekte (Systemanalyse) Systemauswahl Arbeitsmittel und Verfahren Organisations- und EDV-Umstellungen f.d. einzelnen Unternehmensbereiche EDV-Ablaufplanung Programmierung Datenerfassung Betrieb des Rechenzentrums Bürokommunikation ausbauen und weiterentwickeln	Fertigungsbereich, kfm. Bereich, Materialbereich Vertriebsbereich usw.
8. Unternehmensführung	*8.1 Gesamtplanung*	Unternehmensplanung, allgemein Festlegen von Zielsetzung und Strategie	z.B. für Verkauf (Produkt- und Sortimentspolitik, Preisgestaltung),

Bereich	Aufgabengebiet	Tätigkeiten/Aktivitäten	Beispiele für weitere Untergliederung
			Entwicklung und Konstruktion, Produktionsprogramm, Materialwirtschaft, Verwaltung, Auslandsniederlassungen usw.
		Festlegung der Planungsgrundsätze und -methoden Maßnahmen- und Ergebnisplanung nach Unternehmensbereichen Integration der Teilpläne der Bereiche, vor allem: – Investitionsplanung – Umsatzplanung	
	8.2 *Gesamtorganisation*	Unternehmensgliederung, Unternehmensstrukturfragen Führungsrichtlinien Richtlinien für Arbeitsbedingungen und Arbeitsabläufe zwischen den Bereichen Allgemeine Rationalisierungsmaßnahmen	

178

8.3 *Revision und Controlling*	Festlegung von Kontrollmethoden
	Berichtswesen (Auswertungen, Statistiken)
	Koordination und Kontrolle aller Bereiche
		– Verkauf
		– Entwicklung und Kon-
		  struktion
		– Fertigung
		– Materialwirtschaft
		– Verwaltung
		– Auslandsniederlassun-
		  gen

	Entwickeln einer Controlling-Konzeption Zielüberprüfung, ggf. Zielrevision Vorschau – Berichtswesen	
8.4 *Allgemeine Aufgaben der Unternehmensführung, Repräsentation*	Rechtsfragen und Verträge, Prozeßführung Öffentlichkeitsarbeit, Presse Großkundenkontakte Behördenkontakte Zwischenbetriebliche Kooperation Zusammenarbeit mit Betriebsrat und Wirtschaftsausschuß Verbandskontakte	

Anlage 2
Checkliste zur Verbesserung der persönlichen Arbeitseffizienz (nach Hürlimann)

■ *Besser telefonieren*

☐ Telefon mit Umschaltmöglichkeit installieren ☐
☐ Umschaltmöglichkeit gezielt und systematisch einsetzen, Rückrufliste führen lassen ☐
☐ Bei fehlender Umschaltmöglichkeit:
– Beantwortung von Bagatellanrufen delegieren (z.b. Kleinbestellungen)
– Hauszentrale instruieren, damit Gespräche von Anfang an den richtigen Mann (z.b. Sachbearbeiter) vermittelt werden
– Sekretärin oder Mitarbeiter als Filter (»Telefondienst«) einsetzen: nur Dringliches an den Vorgesetzten weitergeben ☐
☐ Telefongespräche auf Wesentliches beschränken, sich kurz fassen und Privatgespräche auf unbedingt nötige Fälle begrenzen (Selbstdisziplin statt Verbote) ☐
☐ Telefongespräche besser vorbereiten: schwierige Anrufe nicht sofort erledigen, sondern wenn möglich Rückruf vereinbaren
– Dokumentation bereithalten vor dem Anruf
– Wichtige Gespräche zeitlich vereinbaren
– Notizblock bereithalten
– Telefonzettel führen für jedes Gespräch ☐
☐ Mit Mitarbeitern und möglichst auch mit dem Vorgesetzten »telefonfreie« Zeiten vereinbaren oder umgekehrt bestimmte »Telefonzeiten« vorsehen ☐
☐ Alle Möglichkeiten der modernen Telefontechnik ausschöpfen (z.B. automatischer Rufnummerwähler mit Wiederholungsautomatik usw.) ☐

■ *Besser organisieren*
☐ Unvermeidbare Störungen organisatorisch entschärfen und dafür Zeitreserven einplanen
– Prioritäten setzen

- Bagatellfälle an Stellvertreter oder Sachbearbeiter delegieren
- Nötigenfalls Sekretärin oder Mitarbeiter veranlassen, Störungen abzuschirmen
- Selbstverursachte Störungen reduzieren ☐
☐ Die häufigen Mitteilungen, Fragen und Kleindiskussionen der Mitarbeiter auf eine wöchentliche oder 14tägige Mitarbeiterbesprechung konzentrieren ☐
☐ Sitzungen straffer führen (jede Sitzung ist für alle Teilnehmer eine langdauernde Störung!) ☐
☐ Behutsam versuchen, die Störungen durch den Vorgesetzten zu reduzieren ☐
☐ Alle Arbeiten von Anfang an richtig erledigen (keine Störung durch Nachbearbeitungen) ☐
☐ Gegenüber den Mitarbeitern bzw. Sachbearbeitern auf kurzen Berichten sowie auf Kurzeinleitungen zu notwendig langen Berichten bestehen ☐
☐ Bei unverhofften Aufträgen und Anfragen sich zuerst vergewissern, ob die benötigten Unterlagen nicht bereits in brauchbarer Form vorliegen. ☐
☐ Das Störungsbewußtsein pflegen
- Zu jeder Störung gehört ein Störender und jemand, der sich die Störung gefallen läßt.
- Es gibt berechtigte, verschiebbare und vermeidbare Störungen
- Störungen lassen sich nach Prioritäten ordnen
- Aufgabengerechte Störungen sollen nicht als Störungen empfunden werden ☐

■ *Weniger plaudern*
☐ Gespräche mit Kollegen, Mitarbeitern oder Vorgesetzten diskret verkürzen ☐
☐ Nicht jedem Anstoß zu Plaudereien nachgeben ☐
☐ Kleindiskussionen auf den täglichen Betriebsrundgang (sofern stattfindend) konzentrieren ☐
☐ Den »Aktentourismus« dem Betriebsboten überlassen (auch im Nachbarschaftsverkehr) ☐

☐ Besonders hartnäckige Plauderer (-innen) von Zeit zu Zeit diskret auf die Kontaktmöglichkeiten in den Pausen aufmerksam machen. Keine inoffiziellen Pausen dulden, sofern offizielle Pausen angeordnet sind ☐

■ *Störfreie Zeiten*
☐ Sperrstunden einführen und einhalten
– Ausnahmen nur für sehr dringliche Geschäfte oder arbeitshemmende Informationslücken
– Telefon umstellen und Rückrufe notieren lassen ☐
☐ Fixe Sprechstunden für Mitarbeiter und Sachbearbeiter einführen ☐
☐ Telefonanrufe und Besuche auf bestimmte Zeiten terminieren lassen ☐
☐ Keine Besuche (auch nicht von Mitarbeitern und Kollegen) ohne vorherige Terminabsprache ☐
☐ Auf die »innere Uhr« (natürlichen persönlichen Tagesrhythmus) Rücksicht nehmen ☐

■ *Refugium schaffen*
☐ Sich bei besonders schwierigen und störempfindlichen Arbeiten in Klausur zurückziehen
– Unbenütztes oder leeres Büro im Betrieb
– Sich für größere konzeptionelle Arbeiten auswärts in Klausur begeben ☐

■ *Planmäßig arbeiten und Termine setzen*
☐ Einen persönlichen Arbeitsplan aufstellen und alle wichtigen Termine in die Agenda eintragen ☐
☐ Die Agenda laufend ergänzen, damit sie als Tagesplan verwendet werden kann ☐
☐ Unvorhergesehene Aufgaben sofort nach Priorität in den Plan einordnen. Gegenüber dem Auftraggeber auf Terminangabe beharren (»sofort« und »baldmöglichst« sind keine Termine!) ☐
☐ Wenn der Plan unübersichtlich zu werden droht, einen graphischen Terminplan aufstellen

- Fristen und Termine besser abstimmbar
- Zeitmangel und Zeitüberschuß leichter erkennbar
- Einhaltung der Termine besser überschaubar
- Besseres Disponieren von zusätzlichen Arbeiten ☐
- ☐ Wichtig: Den Zeitplan nicht als Zwangsjacke, sondern als Werkzeug auffassen. Den Zeitplan möglichst mit Bleistift führen, denn er ist nie definitiv ☐

■ *Diszipliniert arbeiten*
- ☐ Den persönlichen Arbeits- und Zeitplan auch befolgen und kontrollieren ☐
- ☐ Den von innen und außen kommenden Ablenkungsimpulsen nicht nachgeben
- Nicht »schnell etwas zwischenhinein erledigen«, höchstens Kurznotiz erstellen
- An den gesetzten Prioritäten festhalten, sich auf eine Aufgabe konzentrieren
- Begonnenes nur dann liegenlassen, wenn neue Arbeit mit höherer Priorität auftritt
- Bei Unterbrechungen nötigenfalls Terminplan modifizieren
- Sich auch nicht durch Kleinstörungen (z.B. Posteingang) aus dem Rhythmus werfen lassen ☐
- ☐ Unterminierte Besuche und Telefonanrufe nötigenfalls auf später verschieben ☐

■ *Delegieren*
- ☐ Als Vorgesetzter ausführende Tätigkeiten und Routinearbeiten konsequent delegieren
- Zuständigkeiten festlegen
- Richtlinien darüber, welche Arbeiten delegiert werden ☐
- ☐ Die Sekretärin veranlassen, mehr Routinearbeiten an Hilfskräfte zu delegieren, damit sie mehr Zeit für qualifizierte Arbeit gewinnt und damit zur eigenen Entlastung beitragen kann ☐
- ☐ Beim Delegieren sich genügend Zeit nehmen für Anweisun-

gen, damit der Nutzeffekt nicht durch unnötige Rückfragen verloren geht ☐

☐ Von der Möglichkeit Gebrauch machen, Störungen (Telefonate, Besuche) zu delegieren ☐

☐ Das Delegieren beginnt schon am Morgen mit der Posterledigung: nur Wichtiges sofort und selber erledigen ☐

■ *Klare Aufträge erteilen*
☐ Sich dessen bewußt sein, daß jede unklare Anweisung bereits den Keim von Störungen in sich trägt ☐

☐ Sich eine klare und eindeutige Formulierung angewöhnen beim Erteilen von Aufträgen und Aufgaben
– Genau formulieren, ausreichend erklären und durch Stichfragen prüfen, ob die Aufgabe »sitzt«
– Nötige Hintergrundinformation mitliefern oder auf Bezugsmöglichkeiten (Sachbearbeiter) hinweisen
– Auftrag wenn möglich schriftlich formulieren bzw. auf schriftlichem Festhalten bestehen
– Zweck des Auftrags ausreichend begründen (Motivation)
– Stets Termine setzen und Priorität abklären ☐
☐ Keine halbfertigen, ungenauen oder nacharbeitsverdächtigen Arbeiten akzeptieren ☐

☐ Bei größeren Aufgaben zunächst den möglichen Zeit- und Arbeitsaufwand besprechen ☐

☐ Beim Entgegennehmen von Aufträgen von Ihrem Vorgesetzten sinngemäß handeln
– Bei Unklarheiten sofort fragen und Zusatzinformationen verlangen (im alten China hieß es: Wer fragt, ist für kurze Zeit dumm, wer nicht fragt, ist für immer dumm) ☐

■ *Weitere Punkte*
☐ Den Arbeitsplatz aufgeräumt halten (oder als Anhänger des chaotischen Arbeitsplatzes wenigstens sofort alles finden können) ☐

☐ Handregistratur verbessern, um unnötiges Suchen und Laufen zu vermeiden ☐

- ☐ Die Mitarbeiter zu selbständigem Arbeiten veranlassen und erziehen ☐
- ☐ Von Zeit zu Zeit (z.B. jährlich) eine persönliche Tätigkeitsanalyse durchführen, um Schwachstellen in der persönlichen Arbeit aufzudecken ☐
- ☐ Wissen, was die eigene Arbeitsstunde und Arbeitszeit kostet ☐

Anlage 3
Ziele, Checkfragen und Erkenntnisse aus der Kommunikations- und Informations-Wertanalyse (KIWA)

Ziel Nr. 1: Kurze Informations-Durchlaufzeiten!
Allgemeine Erkenntnis: Zu 95 % fließt nichts!
Warum?
(1.) *Rüst-* und *Liege*zeiten sind zu lang,
(2.) Suchaufwand ist zu groß.
(3.) Schnittstellenproblematik (Informationsverteilung).

Wie läßt sich die Situation *verbessern*?
(1.) *Weniger Bearbeitungsstationen!*
    (Konzentration)
(2.) *Abbau* von Warteschlangen!
    (Engpaßbetrachtung)
(3.) *Dialog* statt Stapel!
    (Komplettbearbeitung)
(4.) Möglichst *dezentrale* Belegerstellung?
(5.) Schaffung geeigneter *Retrieval*-Systeme?

Ziel Nr. 2: Aufwandsreduzierung!
Wie läßt sich Aufwand reduzieren?
(1.) *Wiederholtätigkeiten eliminieren!*
(2.) *Erfassung(saufwand) vereinfachen!*
(3.) *Weniger Änderungen!*
(4.) *Weniger Kopien!*
(5.) *Beseitigung unnötiger Informationen*
    (insbesondere durch »Transparentmachen« von Kosten und Nutzen)!

Typische Checkfragen zur Verbesserung der Situation:
● *Wer* verlangt die Information? *(Informationsempfänger)*
● Welchen *Zweck* hat die Information? (Informationszweck)
● Ist die Information tatsächlich *notwendig*? (Informationspflicht)
● Mit welchem *Inhalt* wird die Information benötigt?
    (Informations-Inhalts-Beschreibung)

- In welcher *Form* wird die Information benötigt? (Informations-Träger/Informations-Mittel)
- *Wann* muß die Information bereitstehen? (Informations-Zeitpunkt)
- In welchen *Zyklen* wird die Information benötigt? (Informations-Rhythmus)
- In welcher *Menge* ist die Information abzugeben? (Informations-Menge)
- *Wer* muß die Information erstellen? *(Informations-Ersteller)*

Allgemeine Erkenntnisse aus der KIWA:
- *Bearbeitungsprioritäten* vorgeben
- *Suchaufwand* verringern
- *Transportzeiten* vermindern
- *Fließ*prinzip einführen
- Ggf. *Zusatz*information bereithalten

heißt Durchlauf beschleunigen.

- *Datenerfassung* vereinfachen
- *Wiederholtätigkeiten* vermeiden
- *Änderungsaufwand* bewußt machen
- *Bearbeitungsstationen* reduzieren
- *Information mehrfach* nutzen
- *Wegezeiten* des Bearbeiters verkürzen

heißt Durchlauf beschleunigen *und* Aufwand reduzieren.

- *Qualität* der *Basisdaten* sichern
- *Information anwendergerecht* gestalten
- *Information gezielt weitergeben*

heißt Informations-wert erhöhen *und* Aufwand reduzieren.
(Quelle: Siemens)

Umsteigen in die Prozesskostenrechnung

Die im Vorwort auf Seite 8 in Worten geschilderte Darstellung dessen, was mit Dr. Klaus Eiselmayer neu an Text in die 9. Auflage des Buches hereingelangt ist, zeigt in einem Bild nebenan die Prozesskostenspinne auf Seite 189.

Es mischen sich in ihr die Methodik, die aufzubauen ist eher im linken Teil des Spinnenkonzepts und untenrum. Der Sinn, der damit erreicht werden soll, ist mehr in den rechten Beinen der Spinne / des Methodenbaums zu erblicken.

Die gezeigte Methode ist Bestandteil des Stoffes im Trainingprogramm der Controller Akademie in Stufe II.

Prozesskostenrechnung

Gemäß der unten gezeigten *Prozesskostenspinne* beginnt der Prozesskostenansatz bei den Hauptprozessen (rechts oben). Dabei geht es um das Geschäftsmodell (das »business design«) zur Umsetzung des Unternehmensleitbildes. Das Thema Prozesskostenrechnung hat diesen strategischen Fokus, der aber seltener zur Umsetzung kommen wird. Eine Firmen-Reorganisation wäre ein solches Beispiel.

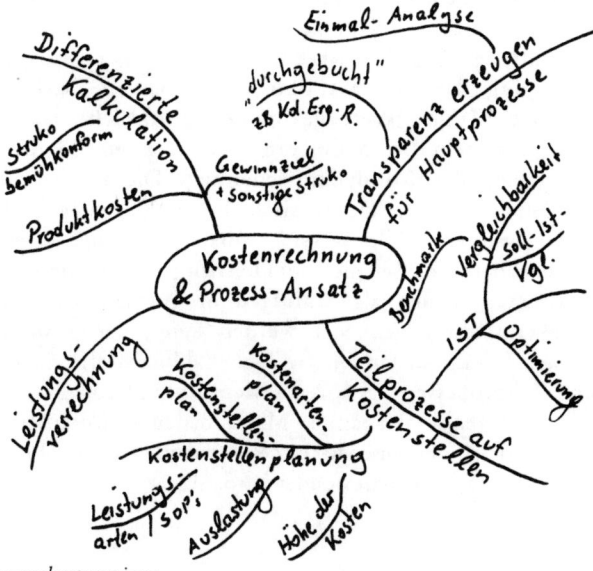

Prozesskostenspinne

Die häufigere Anwendung wird operativer Natur sein, wo es darum geht, Prozesse hinsichtlich ihrer Kosten zu analysieren und zu bewerten. Als Ergebnis müsste eine verbesserte Kosten-Nutzen Relation stehen. Die Erarbeitung der Daten zur Prozesskostenrechnung beginnt mit dem Listen der **Tätigkeiten, Aktivitäten** oder **Teilprozesse,** die auf einer Leistungs- und Kostenstelle durchgeführt werden. Das ist möglich wo ein hoher Anteil **repetitiver Vorgänge** (80%) die Tagesarbeit ausmacht. Als Ziel sollte die Arbeit in einer Kostenstelle auf ca. 5-7 Aktivitätsbündel zusammengefasst werden. Zu viel Detail ist schwer von den Menschen zu erfassen und in der Kostenrechnung abzubilden. In der untersten Zeile findet sich alles Sonstige in Summe. Dazu gehört die Aktivität Abteilung leiten, aber auch Tätigkeiten wie Planen oder eigene Weiterbildung. Letztlich haben wir hier das Sammelbecken für das was in die oberen, seriellen Aktivitäten nicht hineinpasst.

Das ist im folgenden Formular gezeigt am Beispiel einer Kundenbuchhaltung (Debitorenbuchhaltung). **Praktischer Hintergrund des Beispiels ist ein Team in einer Bausparkasse. Es ging darum, dass Bausparer, die ein Darlehen haben, ihre Tilgungsbeträge auch pünktlich leisten.** Gleichzeitig entsteht bei Mahnvorgängen auch ein Eindruck zur Beurteilung der **Kundenzufriedenheit.** Die Kostenstelle hat die Nummer 101. Darin sind die Teilprozesse / TP fortlaufend beziffert. Teilprozess 7 lautet "Abteilung leiten". Das ist nachher ein Beispiel für **leistungsmengenneutrale Strukturkosten,** denen als **Standard of Performance eine Qualitätskennzahl** zugeordnet werden kann, wie etwa die **DSO** (Days Sales Outstanding = Tage Zahlungsziel). Zu den anderen Teilprozessen gehören Mengenstandards - also jeweils eine **Anzahl Vorgänge.** MAK bedeutet Mitarbeiterkapa-zität und ist der geschätzte Zeitaufwand der im Durchschnitt für die Tätigkeit aufgewendet wird.

Leistungs- & Kostenstelle Debitorenbuchhaltung (101)					
Teilprozess		Standard of Performance		Auf-wand	Prozesskosten
Nr.	Beschreibung	Art	Menge	MAK	
101/1	Buchungen durchführen	Anzahl Buchungen	120.000	1,80	
101/2	Kundenkonten pflegen	Anzahl Kunden	5.000	1,80	
101/3	Mahnungen durchführen	Anzahl Mahnungen	8.000	0,07	
101/4	Briefe schreiben	Anzahl Briefe	21.000	1,80	
101/5	Kontakt Anwalt und Gericht	Anzahl Fälle	200	0,20	
101/6	Auskünfte einholen	Anzahl Auskünfte	500	0,20	
101/7	Abteilung leiten, sonstiges				

Liste der Tätigkeiten / Teilprozesse in einer Kundenbuchhaltung - gleichzeitig mit Angabe der Standards of Performance oder Cost Drivers und der Leistungsartenmenge, abgestimmt mit dem Absatzplan. Die dunkel gehaltene Spalte in dieser Tabelle ist noch zu besetzen. Aber vorausgedacht ist schon, was kommen soll. Zu den MAK gehören jetzt die Kosten - diese unterteilt nach den Strukturkosten lm_i (leistungsmengeninduziert) und den lm_n (leistungsmengenneutral).

Zum Teilprozess "Buchungen durchführen" gehört die Anzahl der Buchungen für Rechungsausgänge und Zahlungseingänge. Gepflegt werden 5.000 Kundenkonten mit Überwachung des Zahlungseingangs mit der Folge, dass Mahnungen zu machen sind - im Beispiel 8.000 Computerbriefe pro Jahr. 21.000 persönliche Briefe sind zu schreiben in Sinne von persönlichem Ansprechen der Kunden, um auch eben Eindrücke zu sammeln **zur Zufriedenheit der Kunden.** Was ist es, das sie hindert, pünktlich zu bezahlen? Schließlich folgen die Anzahl der Fälle, Auskünfte einzuholen oder der Vorgang, Fälle dem Anwalt zu geben.

Diese Mengengerüste im Leistungsgefüge ergeben sich aus der Jahresplanung. Mit wie vielen Kunden wird welcher Umsatz erzeugt? Wie viele der Kunden sind neu oder bestehen schon länger? Eventuell ist es nötig, einzelne Segmente innerhalb der Kunden zu bilden - zum Beispiel die **A-, B- oder C-Kunden.** Die Anzahl der Buchungen ergibt sich aus den Auftragsgrößen, aus denen sich der Umsatz zusammensetzt. Die Zahl der Mahnungen folgt schließlich aus den Erfahrungswerten dieses 7 Köpfe zählenden Teams, das diesen Job macht als Arbeitsgruppe.

Wie teilt sich das Team der Sieben in der Kundenbuchhaltung jetzt die Arbeit auf? Dazu ist nötig, **Befragungen** zu machen. Wie zu sehen ist, geht es nicht ganzzahlig auf. Die Buchungen zum Beispiel geben in die Computer ein eine Buchungskraft voll und ein zweite mit 80% ihrer Zeit. Die Abteilung leiten erfüllt eine Person - die Leiterin (eine Frau Bäumler im Echtfall) - komplett und 0,13 der Mitarbeiter. (Macht die Leiterin zum Beispiel auch Tätigkeit 101/5 - Kontakt Anwalt und Gericht - selbst, hieße das: Aktivität 101/7 besteht aus der Leiterin zu 80% und weiteren 0,33 MAK ihres Teams!)

Die Kosten folgen jetzt in der klassischen Weise in der Kostenstelle nach Kostenarten gegliedert. Es handelt sich um **Strukturkosten** (früher Fixkosten genannt) **pro Jahr.**

Leistungs- & Kostenstelle Debitorenbuchhaltung (101)			
Kostenarten	**Menge**	**Kosten**	**Total (STRUKO)**
Personalkosten inklusive der Sozialkosten	7	38.971,-	272.800
Büromaterial			5.000
Kommunikationskosten			6.000
Gerichts- und Anwaltskosten	200 Fälle	500,-	100.000
Geld- und Bankspesen	1 Mio. Umsatz	2%	20.000
Auskünfte	500 Auskünfte	100,-	50.000
EDV (interne Leistung)	8.000 Mahnungen	1,-	8.000
Zentrales Schreibbüro (interne Leistung)	3.360 Stunden	20,-	67.200
Kalkulatorische Mieten	70 m^2	60,-	4.200
Gesamtkosten			**533.200**

*Formular der Kostenstelle gegliedert nach den Personal- und
den Sachkostenarten; sekundäre Kostenarten von den Service-
stellen IT sowie Schreibbüro sind auch eingebaut, desgleichen
die Raum-kosten für das eigene Gebäude als kalkulatorische
Kostenart.*

Die 7 Mitarbeiter sind jetzt zu sehen mit dem Struktur-kostenbetrag in € pro Jahr - **es handelt sich allerdings um Modellzahlen.** Dass die Leiterin des Teams mehr verdient als ihre Mitarbeiter, ist nicht separat ersichtlich. Auch **die technische Größe MAK - Mitarbeiterkapazität** - macht keinen Unterschied, ob Chef oder normales Teammitglied. Das technische Argument liegt darin, dass die Tätigkeit Abteilung leiten (und sonstiges!) auch Zeit der Mitarbeiter des Teams beinhalten kann.

Das praktische Problem bei der Prozesskostenrechnung: Umformen der Kosten auf die Teilprozesse

Die beiden Tabellen sind jetzt zu verknüpfen durch ein Umformen. Vorgeschlagen wird, dazu **die MAK als eine Art Umsteigebahnhof** zu verwenden. Wie diese sich auf die Teilprozesse zuordnen, wurde gemäß Darstellung in der ersten Tabelle bereits erarbeitet. Aus der jetzigen Kostentabelle ist nun herzuleiten, was **eine Einheit MAK als Kostensatz haben soll.** Gesucht ist ein **Arbeitsplatzkostensatz,** der außer den Personalkosten auch die Arbeitsmittel einschließt; allerdings nicht die Kosten für die Sonderfälle.

In dem ersten Vordruck mit den Teilprozessen sind die beiden TPs 5 und 6 nicht immer erforderlich. Also sind sie separat zu führen mit den Kosten, die auch im Kostenartengefüge der Kosten-stelle separat zu sehen sind.

Also bleiben **als allgemeine Arbeitsplatzkosten** die Personal-kosten in Höhe von 272.800, die Büromaterialkosten von 5.000, die 6.000 Kommunikationskosten sowie die 4.200 kalk. Raum-kosten. Das ergibt zusammen eine Kostensumme von **288.000.** Teilt man diese Zahl durch die 7 MAK, ergibt sich als **MAK-Kostenssatz € 41.143.**

Das **folgende Formular** bildet die zentrale Verknüpfung von Prozessgliederung und Kosteninformation und stellt somit das **Kernstück der Prozesskostenrechnung** dar. Die Teilprozesse sind hier mit den Kosten bewertet über den MAK - Kostensatz. Zum Beispiel dem TP 101/1 mit dem "Buchungen durchführen" sind gewidmet 1,8 MAK; multipliziert mit dem MAK-Kostensatz ergibt ich der Strukturkostenbetrag für den Teilprozess in Höhe von **74.057**. Derselbe Betrag ergibt sich für den Teilprozess des Pflegens der Kundenkonten - der (Key?) Accounts.

Für den TP der "Kontakte mit Anwalt und Gericht" ergibt sich zum einen über den MAK - Satz ein Betrag in Höhe von 0,2 mal 41.143; also das Resultat in Höhe von € **8.229** - dazu kommen die **Projektkosten** in Höhe von € **100.000** laut dem Kostenartenvor-druck für die 200 Fälle.

Manche Zahlen in den "Kosten der MAK" sind identisch, weil eben auch dieselbe Mitarbeiterkapazität dafür reserviert ist. Für den Teilprozess des **Leitens der Abteilung** sind laut TP - Liste angesetzt 1,13 MAK; also folgt daraus der Betrag von 1,13 mal dem MAK - Satz von 41.143 ist gleich € **46.491** (ungerundet).

Die so errechneten Kosten der Mitarbeiterkapazität und die sonstigen direkten Struktur(Sach-)Kosten addieren sich in der **Spalte "Total"**. So ergibt sich zum Beispiel für "Mahnungen durchführen" mit Computerbriefen der MAK-Kostenbetrag von 2.880 (also 0,07 MAK mal 41.143) und dazu die sekundären Kosten von der IT-Abteilung in Höhe von 8.000 gemäß der ILV (Interne Lei-stungsverrechnung), zusammen also in der Totalspalte € **10.880**; und dieses eben für die 8.000 Anzahl Vorgänge; je einzelnen Vor-gang kommt folglich heraus ein Vorgangskostensatz von € **1,36**.

Leistungs- & Kostenstelle
Debitorenbuchhaltung (101)

Teilprozess		Standards of Performance		Auf-wand	Prozess-kosten	Zu-ord-nung
Nr.	Beschrei-bung	Art	Menge	MAK	siehe rechts	HP
101/1	Buchungen durchführen	Anzahl Buchungen	120000	1,80		
101/2	Kunden-konten pflegen	Anzahl Kunden	5000	1,80		
101/3	Mahnungen durchführen	Anzahl Mahnungen	8000	0,07		
101/4	Briefe schreiben	Anzahl Briefe	21000	1,80		
101/5	Kontakt Anwalt und Gericht	Anzahl Fälle	200	0,20		
101/6	Auskünfte einholen	Anzahl Aus-künfte	500	0,20		
101/7	Abteilung leiten, sonstiges			1,13		
				7,00		

Prozesskosten-Darstellung: Liste der Teilprozesse, über die Bezugsgröße MAK - Mitarbeiterkapazität verknüpft mit den Kosten; daraus folgt die Ermittlung der **Prozesskostensätze** - nebeneinander die Kostensätze nur leistungsmengeninduziert sowie die Totalkostensätze "alles inklusive".

Leistungs- & Kostenstelle
Debitorenbuchhaltung (101)

Teilprozess		Prozesskosten			Prozess-kostensätze	
Nr.	Beschrei-bung	Kosten der MAK	Sonst.: direkte Struko	Total	lmi	Total lmi+lmn
101/1	Buchungen durchführen	74.057	0	74.057	0,62	0,71
101/2	Kunden-konten pflegen	74.057	0	74.057	14,81	16,92
101/3	Mahnungen durchführen	2.880	8.000	10.880	1,36	1,55
101/4	Briefe schreiben	74.057	67.200	141.257	6,73	7,69
101/5	Kontakt Anwalt und Gericht	8.229	100.000	108.229	541,-	618,-
101/6	Auskünfte einholen Zwischen-summe	8.229	50.000	58.229 466.709	116,-	133.-
101/7	Abteilung leiten, sonstiges	46.491	20.000	lmn: 66.491	lmn: +14,2 %	
		288.000	245.200	533.200		

$$\frac{66.491}{533.200 - 66.491} = 14,2\%$$

Der Kostensätze teuerster ist der Vorgang "Anwalt einschalten und zum Gericht geben". Die MAK-Kosten und die Projekt-strukturkosten extern belaufen sich zusammen auf € 108.229. Das ergibt, bezogen auf die 200 Fälle, einen **Vorgangskostensatz von € 541 (lm$_i$).** Also lohnt sich hier besonders der Ansatz zu einer **Verhinderungsplanung** bei den Kosten.

Alle diejenigen Kosten (**Strukturkosten, ex Fixkosten**), die mit Anzahl Vorgänge verknüpft sind, gehören zu den leistungsmengeninduzierten, abgekürzt mit lmi. Deren Summe beträgt € **466.709.** Die (**lm$_n$**) leistungsmengenneutralen liegen drin im Teilprozess "Abteilung leiten". Zu den MAK-Kosten (1,13 mal 41.143) in Höhe von 46.491 kommen aus dem Kostenartenbudget noch dazu die Kostenart Geld- und Bankspesen (Nebenkosten des Geldverkehrs) in Höhe von € 20.000.

Diese Strukturkosten in Höhe von € **66.491** könnte man jetzt als leistungsmengenneutrale einfach so in der Kostenstelle stehen lassen. Soll eine Weiterverrechnung der Kosten der Kundenbuchhaltung in Frage kommen - etwa auf die Verkaufsabteilungen und danach auf die Kunden im Sinne der Kundendeckungsbeitragsrechnung - so könnte man diese **ILV machen nur mit den Kostensätzen lm$_i$.** Dann würde sich auch die **Prozessklarheit** herausstellen. Es sind nur die Kosten angesetzt, die unmittelbar zum Teilprozess in der Kostenstelle gehören. Wünschen die Empfänger einen Nachweis darüber, wie der interne Verrechnungssatz zustande kommt, könnte man als Controller den Vordruck-Verbund, wie gezeigt, erläutern.

Allerdings stellt sich die Senderkostenstelle dann nicht auf Null über die internen Verrechnungssätze. Aber warum das? Diese restlichen Strukturkosten laufen unmittelbar in die Managementerfolgsrechnung ein als übrige zentrale Strukturkosten.

Dann kommt es darauf an, dass genügend Deckungsbeiträge da sind, diese auch abzudecken.

Im Prozesskostenvordruck ist jedoch, der Vollständigkeit halber, auch ein Total-Strukturkostensatz für die Vorgänge ermittelt worden. Es gibt auch Informations-Zwecke, wofür dies gebraucht wird. In der Spinnendarstellung am Kapitelanfang ist es das vierte Bein auf der linken Seite: die bemühprozessgestützte Preisfindungsrechnung **(Kalkulation eines target price)** braucht eher den Alles-Inklusiv-Kostensatz. Auch bei Vergleichen zum Outsourcing müssten in diesem Falle ein Totalkostensatz verwendet werden, weil zu unterstellen ist, dass die Marktpreise externer Anbieter auch eine Deckung der leistungsmengenneutralen Kosten in der Kalkulation angesetzt haben. Jedenfalls ist die Errechnung eines Totalkostensatzes angeboten.

Damit eröffnet sich das Problem, wie die leistungsmengenneutralen Kosten auf die Anzahl der Vorgänge hinüber kommen sollen. Ein Weg dazu ist das **Interview.** Die Abteilungsleitung müsste angeben, wie sich die 1,13 MAK auf die Teilprozesse 101/1 bis 101/6 zuordnen lassen, Gibt es Vorgänge, die mehr Kummer bereiten als andere? Zum Beispiel die Gerichtsfälle. Oder auch die persönlichen Briefe, mit denen sich solche Fälle verhindern lassen. Die automatischen Korrespondenzbriefe laufen vielleicht so durch, ohne so viel Aufsicht zu brauchen; desgleichen könnten die Buchungen nicht ständig die Mitwirkung der Leitung nötig machen.

Im Beispiel ist dies zur Vereinfachung nicht gemacht worden. Die leistungsmengenneutralen Strukturkosten - Struko (ex Fixkosten) - werden **pauschal zugeordnet auf der Basis der Struko lm** $_i$ leistungsmengeninduzierten Struko (Strukturkosten). Die beiden zu verbindenden Zahlenkollektive belaufen sich auf € 66.491 sowie (als Basis) € 466.709. Daraus folgt ein Verknüpfungs-Faktor von **14,2 %.**

Die Schlüsselzahl 14,2 % ist gerundet. Genau beträgt sie 14,24678. Wer nachrechnen will, kommt zum Beispiel im Teilprozess 101/2 erst dann auf den Totalkostensatz exakt von € **16,92**; wenn man rechnet: 14,81 * 1,1424678.

Generell: Die lm_i - Strukturkosten (Struko) sind mit 14,2 % beaufschlagt, um die Totalkostensätze zu finden. Aber im Sinne der Transparenzverantwortlichkeit des Controllers sind die "nackten" lmi - Kostensätze nach wie vor zu sehen, so dass **je nach Bedarfsfall und Entscheidungstyp entweder nur die leistungsmengeninduzierten oder die totalen Kostensätze genommen werden können.**

Beispiel einer weiteren administrativen Kostenstelle aus dem Verkaufsbereich

Die folgende Darstellung ist ein klassischer Typ aus der ersten Zeit, als man von Prozesskostenrechnung zu sprechen sich angewöhnt hat. Es handelt sich um ein **regionales Verkaufsbüro.** Die verwendeten Zahlen sind Modellzahlen. Aber es geht nicht um die Höhe der Zahlen, sondern um die Methodik. Die Zahlenbeispiele dienen der besseren Nachvollziehbarkeit für Sie als Leser. Man kann auf diese Weise **rechnendes Lesen** betreiben oder **lesendes Rechnen.** Es sind diesmal Monatszahlen.

KOSTENPLAN

Bereich: Vertrieb

Kostenstelle / VerantwortungsbereichVerkaufsbüro Süd

Nr.:	Kostenart	Betrag	Standards of Performance
4020	Hilfslöhne (sauber machen)	300	Zahl m^2
4022	Lohnzuschläge		
4030	Kalk. Sozialkosten Löhne		
4120	Gehälter		
	Verkaufsleiter, Sekretärin	19.500	Umsatz
	Bodenstation, Kommunika-		% Marktanteil
	tion zum Stammhaus, strate-		Neukunden gewinnen
	gische Kundenbesuche		Zahl Reklamationen
	machen, Budget erstellen,		
	neue Kunden finden		
	Verkäufer	37.500	Umsatz
	5 Mitarbeiter; nach Verkaufs-		Anzahl Besuche: z.B. 600
	touren Kundenbesuche		(20 Arb.-Tage * 5 Verkäu-
	machen und Aufträge herein-		fer; folglich Kosten je
	holen		Besuch von 62,50)
			Distributionsgrad
4121	Überstundenvergütung		
4122	Zuschläge Gehälter		
4130	Kalk. Sozialkosten Gehalt	12.000	davon 7.500 für Verkäufer 12,50 je Besuch
4200	Sonstige Gemeinkosten	2.500	
4600	Bürobedarf und Tele- kommunikationskosten	4.000	
4800	Reisekosten	9.000	Bei 600 Besuchen folglich 15,- je Besuch
4900	KFZ-Kosten	8.400	Bei 600 Besuchen folglich 14,- je Besuch
Summe		93.200	

Kostensatz für den Prozess der Marktbearbeitung:

Personalkosten (ohne kalk. Kosten)	62,50	Personalkostensatz
anteilige kalk. Sozialkostenkosten	12,50	
Struko-Tarif für Sachkosten (15,-+14,-)	29,00	Sachkostensatz
Kosten je Besuch	104,00	Vorgangskostensatz

Beispiel einer administrativen Kostenstelle mit Leistungsbezug (Standards of Performance).

Im Beispiel bestehen die **leistungsmengenneutralen** Kosten aus dem Verkaufsleiter und der Sekretärin - sozusagen aus der "Bodenstation". Als Standards of Performance sind daneben gestellt die Umsatzgröße, der regionale Marktanteil als Qualitätskennzahl im Verkauf, das Projekt-Ziel des Gewinnens von neuen Kunden. Und dann hat der Verkaufsleiter sich vorbehalten, **die Reklamationen selber zu sehen** und sich darum zu kümmern. Wenn ein Kunde sich meldet mit einer Beanstandung, ist es immer **auch eine Chance, mit diesem Kunden persönlichen Kontakt aufzunehmen.**

Diese leistungsmengenneutralen Strukturkosten der Marktbearbeitung sind in diesem Beispiel **nicht in die Kostensätze eingeflochten.**

Die **leistungsmengeninduzierten** Strukturkosten sind jene der Außendienstmitarbeiter, die draußen "im Raum" herumkämpfen und sich notfalls Hilfe suchend an die Bodenstation wenden können. Zu ihnen gehört der operative Standard of Performance (Prozesskennzahl) der **Anzahl der Kundenbesuche.** Unterstellt sind 6 Besuche pro Tag. Das ergibt bei 20 Arbeitstagen pro Monat 600 Besuche pro Monat. Diese 6 Besuche pro Tag sind **individuell als Ziel zu vereinbaren** je nach der bestehenden Struktur der Region mit Kundendichte und Verkehrserschließung. Ferner gehört der Umsatz zu den Zielen und der Distributionsgrad als Vorstufenkennzahl zum Marktanteil.

Übrigens mögen Sie sehen, sehr verehrte Leserin und sehr geehrter Leser, dass dieser Verkaufsleiter in der Region **kein Profit Center** ist. Dazu wäre nämlich die **Kenntnis des Deckungsbeitrags** nötig. Im Informations-Cockpit enthalten sind Kosten und Umsatz. So wie das Beispiel gebaut ist, enthält das Budget die absoluten Beträge in € Umsatz und € Kosten. Im Sinne einer relativen Zielvorgabe könnte als Ziel auch eine **Kostenquote vom Umsatz** formuliert sein. Dies könnte dem Verkaufsmanager vor Ort mehr Freiraum gehen, spontan situationsbedingt Maßnahmen zu starten, auch wenn sie vorher nicht budgetiert worden sind. Die Berichterstattung konzentriert sich auf die Vorschau im Sinne der **ereigniszentrierten Erwartungsrechnung.**

Aus der Verknüpfung der Kosten mit der Anzahl der 600 Besuche ergibt sich der **Kunden-Besuchskostensatz** oder der **Strukturkostentarif** je Kundenbesuch. Nimmt man € 37.500 Gehälter der Verkäufer und € 7.500 kalk. Sozialkosten dazu erhält man als **Personalkostensatz** € 75,00 (= 62,50 + 12,50). Dazu kommen Reisekosten und KFZ-Kosten. Budgetiert sind pro Monat € 9.000 + € 8.400. Also entfällt auf jeden Besuch eine durchschnittliche **Sachkostenrate** von € 29,00 (= 15,- + 14,-). Der gesamte **Vorgangskostensatz für einen Kundenbesuch** beläuft sich auf € 104,00.

Dieser Kostensatz ist nur gebaut aus teilprozessdirekten lm_i - Kosten. Anteilige lm_n - Kosten der Bodenstation sind also nicht eingebunden. Für die innerbetriebliche Leistungsverrechnung und erst recht für die Kundendeckungsbeitragsrechnung bringt diese Lösung klarere, **unverstellte Transparenz.** Der Bewegung erzeugende Besuchsprozess selber ist abgebildet ohne die Kosten der Infrastruktur.

Allerdings ist der Kostensatz nicht ganz vollständig. Einen Kundenbesuch muss man vorbereiten; zum Beispiel mit den Kunden Termine vereinbaren. Dazu sind nötig Telefongespräche oder E-Mails oder beides. Dadurch gebunden sind Kommunikations- und nicht nur Reisekosten. Der Einfachheit halber sei aber dieses Mengengerüst innerhalb des Besuchkostensatzes pauschal enthalten.

Auch gilt dieser Kostensatz als ein **Standardkostensatz** für jeden Besuch. Es ist also nicht daran gedacht, dass die Zeit je Besuch erfasst werden soll. Es genügt zu wissen die Zahl der Besuche bei einem Kunden, bewertet mit dem Standardvorgangskostensatz. Auch daran ist erkennbar, wo die "trouble making customers" sind und wer bei den Kunden zu den pflegeleichten zählt. Auch wäre für den Verkäufer selber erkennbar, zu welchen Kunden er / sie vielleicht lieber hingeht, weil man dort besser empfangen wird. Die Kosten der Bodenstation wandern in die zentralen Strukturkosten der Marktbearbeitung. Für die Stelle Verkaufsbüro wirkt dies als pauschale Kostenentlastung.

Liste für die Hauptprozesse

In der rechten Spalte der Kostenstelle Debitorenbuchhaltung mit Prozesskosten steht der Begriff **Zuordnung zu HP**. Mit "HP" gemeint sind die **Hauptprozesse,** in die sich die **Teilprozesse** einfügen.

Nehmen wir an, ein Hauptprozess - **codiert mit HP 22** - sei die Betreuung der B-Kunden innerhalb des gesamten Kundenkollektivs, das von der Debitorenbuchhaltung betreut wird. Aus den insgesamt 5.000 Kunden seien **500 die B-Kunden.** Jetzt gilt es, die Teilprozesse diesem beispielhaften Hauptprozess zuzuordnen.

HP	TP	KST-Name + TP-Nummer	Benennung des Teilprozesses / Benennung der Aktivität
22	-	Gesamt	**Kundenbetreuung „B"-Kunden**
	.1	Debi. 101/2	Kundenkonto pflegen
	.2	Debi. 101/3	Mahnungen durchführen: 3 pro Jahr
	.3	Debi. 101/4	Briefe schreiben: 4 pro Jahr
	.4	Verk. 402/1	Verkaufsbesuche: 9 pro Jahr

TP	KST + TP-Nr.	Kostentreiber	CD Menge	KOS A lmi	KOSA total
-	Gesamt	Anzahl „B"-Kunden	500	€ 670	€ 984
.1	Debi. 101/2	Anzahl „B"-Kunden	500	14,81	16,92
.2	Debi. 101/3	Anzahl „B"-Kunden	500	4,08	4,65
.3	Debi. 101/4	Anzahl „B"-Kunden	500	26,92	30,76
.4	Verk. 402/1	Anzahl „B"-Kunden	500	624,00	931,98

Die Teilprozesse mit ihren Kostensätzen sind aus der Teilprozessliste der Debitorenbuchhaltung abzuholen. Zum Beispiel der TP 101/2 heißt auf der Kostenstelle Debitorenbuchhaltung Kundenbetreuung. Als lmi-Satz gilt 14,81 je Kundenkonto. Parallel daneben steht der Total-Kostensatz je Kundenkonto mit 16,92. Diese Beträge sind in die Liste des Hauptprozesses 22 übertragen.

Beim Teilprozess 101/3 ist im Mengengerüst unterstellt, dass 3 Mahnfälle pro Jahr auftreten je Kunde durchschnittlich. Der Kostensatz ist lmi 1,36 für die automatische Korrespondenz, mal die 3 Fälle ergibt je B-Kunde den Satz von 4,08 (1,36 * 3). Parallel daneben steht der Totalkostensatz von 4,65 (1,55 * 3). Briefe schreiben im TP 101/4 kommt je Kunde und Jahr Ø 4 mal vor. Also folgt 4 mal der Kostensatz 6,73 = 26,92 für leistungsmengeninduziert und dazu gestellt der Totalkostensatz von 4 * 7,69 = 30,76

Verkäuferbesuche kommen bei den B-Kunden 6 mal vor im Jahr. Diese Besuche werden bewertet mit dem **Besuchskostensatz** aus der Verkaufsbürokostenstelle in Höhe von 104,00. Der Vollkostensatz im Beispiel bezieht alle Verkaufskosten ein. Die Besuchskosten von € 62.400 (= 37.500 + 7.500 + 9.000 + 8.400) brauchen einen Aufschlag von ca. 49,36 % um die Kostenstellenkosten von € 93.200 zu erhalten. Pro Besuch wären das € 104,- + 49,36 % = € 155,33. Der KOSA eines B-Kunden beträgt aufsummiert € 670,-- lm$_i$ sowie € 984 **total.**

HP-n°	Beschreibung des Hauptprozesses	Cost Driver	CD Menge	Kosten-volumen (lmi)
...	...	...		...
20	Kunden Auftrags-abwicklung	Anzahl Kundenaufträge	4.000	106.753
21	Kunden Auftrags-kommissionierung	Anzahl Auftrags-positionen	15.000	131.857
22	**Kundenbetreuung „B" - Kunden**	**Anzahl „B" - Kunden**	**500**	**334.905**
...	...	...		...
30	Jahresplanung	Anzahl Krantypen	17	77.101
31	Monatsplanung	Anzahl Kranserien	120	160.078
32	Auftragsbearbeitung	Anzahl Aufträge	3.000	389.601
33	Anfrage Sonderausrüstung	Anzahl Anfragen	1.160	112.043
34	Materialdisposition	Anzahl Bestellungen	50.000	408.188
35	Warenanlieferung	Anzahl Kräne	8.750	440.233
36	Montagevorbereitung	Anzahl Werkaufträge	3.700	150.153
37	Materialbereitstellung	Anzahl Stücklistenpositionen	300.000	76.214
38	Retourlieferung an Lager	Anzahl Retourlieferungen	500	29.367
39	Fertigungsauftrags-steuerung	Anzahl Arbeitsplan-operationen	25.000	110.245
Etc.				
	Kostensumme des Untersuchungsbereiches			

Liste der Hauptprozesse, aus mehreren Beispielen aufgebaut

HP-n°	CD Menge	Kosten-volumen (lmi)	Kosten-volumen gesamt	Prozess-kosten-satz lmi	Prozess-KOSA gesamt
...	...				
20	4.000	106.753	120.132	27	30
21	15.000	131.857	148.154	9	10
22	**500**	**334.905**	**492.155**	**670**	**984**
...	...				
30	17	77.101	87.614	4.535	5.154
31	120	160.078	181.907	1.334	1.516
32	3.000	389.601	442.729	130	148
33	1.160	112.043	127.321	97	110
34	50.000	408.188	463.850	8	9
35	8.750	440.233	500.264	50	57
36	3.700	150.153	170.629	41	46
37	300.000	76.214	86.607	0,25	0,29
38	500	29.367	33.371	59	67
39	25.000	110.245	125.278	4	5
Etc.					

Bei den B-Kunden sind zu sehen die beiden Kostensätze je B-Kunde von € 670 und € 984 (auf ganze Euro gerundet). Da es 500 Kunden sind, ergibt sich ein totales Strukturkostenvolumen von 500 * 984,31 = 492.155 und ein Strukturkostenvolumen pro Jahr leistungsmengeninduziert von 500 * 669,81 = 334.905.

Welche Teilprozesse in diesen Hauptprozess eingeflossen sind, ergibt sich aus der Tabelle zuvor. Die Teilprozesse der Kundenbuchhaltung sowie die des Verkaufsbüros können detailliert zurückverfolgt werden.

Die weiteren Hauptprozesse, die in der Liste aufgeführt sind, entstammen verschiedenen Unternehmensbeispielen und sind der Orientierung halber aneinander gereiht bzw. dienen den kommenden Beispielen.

Kundendeckungsbeitragsrechnung

Die folgende Tabelle zeigt das Beispiel eines kleineren B-Kunden. Die Hauptprozesse (HP) stammen aus der großen HP-Liste und sind bewertet **nur mit den Kostensätzen leistungsmengeninduziert.** Im Gespräch mit einem Key Account Manager KAM betreffend diesen Kunden kann man als Controller auch entsprechend Prozessklarheit erzeugen.

Der Cost Driver oder Standard of Performance im HP 21 lautet auf Anzahl Auftragspositionen kommissionieren. Durchschnittlich besteht ein Auftrag aus 4 Positionen. Der Kunde bestellt seinen Jahresbedarf mit 40 Aufträgen; also ergibt sich 40 * 4 * 9,- = 1.440,-. Für die Kundenbetreuung ist der erarbeitete Betrag von € 670 je Kunde und Jahr angesetzt.

Kundenerfolgsrechnung mit Prozesskosten Beispiel eines kleinen Kunden	
Umsatzerlöse	15.000
- Produktkosten (PROKO)	12.000
Deckungsbeitrag I (produktbezogen)	3.000
- Auftragsabwicklungskosten (HP20) (40 Aufträge x 27,-)	1.080
- Kundenauftragskommissionierkosten (HP21) (40 Aufträge * Ø 4 Positionen/Auftrag x 9,-)	1.440
Deckungsbeitrag II (abwicklungsbezogen)	480
- Kundenbetreuungskosten (HP22)	670
Deckungsbeitrag III (kundengesamtbezogen)	- 190

*Beispiel-Tabelle einer Kundendeckungsbeitragsrechnung mit den Kosten des **Bemühverhaltens um den Kunden***

Das Minus im Deckungsbeitrag III darf nicht gleich zur Schlussfolgerung führen, sich von diesem Kunden zu trennen. Das primäre Anliegen lautet, **diesen Kunden besser zu machen.** Ins Auge springt sofort im Sinne eines **Nutzens aus der Prozesskostenrechnung,** dass man den Kunden veranlassen müsste, seinen Jahresbedarf mit 20 statt mit 40 Bestellungen abzuwickeln. Schließlich ist der durchschnittliche Auftragswert bei 40 Aufträgen und € 15.000 Jahresumsatz mit

€ 375,- ziemlich klein. Verhandelt der Verkäufer nicht mit den richtigen Leuten, die größere Aufträge erteilen könnten?

Schließlich hat **der Kunde bei sich selber** doch **genau so viele Bemühkosten** - nur nicht im Verkauf, sondern im Einkauf bei der Bestellabwicklung. Dann könnten die **Erkenntnisse aus den Prozesskosten** dazu beitragen, bei beiden Partnern im Markt eine Kostenverhinderungsplanung zu betreiben, in dem so zaghafte Auftragsgrößen eben nicht fortgesetzt werden.

Kritisch ist es, wenn der Verkäufer die Reduktion der Zahl der Aufträge mit einem Rabatt belohnen will. In der Rechnung des Erfolgs des Kunden für sich allein würde es sich vielleicht lohnen. Bei 20 Aufträgen * € 27,-- Auftragsbearbeitungskostensatz ergibt aus dem HP 20 statt 1.080,- ein Betrag von 540. Aus dem Minus im Deckungsbeitrag III von 190 würde ein Plus von 350. Gibt der Verkäufer dafür € 50.- Bonus, so lohnt es sich immer noch auf dem Kundenkonto mit plus 300. Aber die Strukturkosten insgesamt in den Kostenstellen bei den Teilprozessen fallen nicht sogleich weg; der Rabatt aber muss sofort bezahlt werden.

Also ist bei den Strukturkostenüberlegungen am wirksamsten, eine **Kostenverhinderungsplanung** zu betreiben und dafür zu sorgen, dass nicht **unbemerkt** die Zahl der Aufträge von den Kunden her Kosten treibend zunimmt bei sinkenden Auftragswerten. Dann kann man Einhalt gebieten, bevor Ressourcen geschaffen sind, um die zunehmende Zahl der Vorgänge zu bewältigen. So ist auch entstanden das Wort von den **Kostentreibern** - den **cost drivers.**

Kleine Wiederholung:

Von der **Analytik oder auch vom Kostenursprung** her sprechen wir von **Produktkosten (vormals proportionale Kosten** genannt) und **Strukturkosten** (ehedem mit **Fixkosten** bezeichnet). Stückliste und Arbeitsplan in der Produktherstellung - im Hervorbringen der **physischen Existenz extern zu verkaufender Produkte** - enthalten die technischen Daten für die Ermittlung der Produktkosten. Natürlich besteht dann auch mit einer **Verbrauchsfunktion** eine kausale Proportionalität zwischen Kostenverzehr und Produktausbringung.

Die **Strukturkosten** bilden kostenmäßig ab die **Bemühprozesse periodisch**: man bemüht sich um einen Kundenauftrag, um die Kundenzufriedenheit, man bemüht sich um logistische Verfügbarkeit, um Mitarbeiterbetreuung und Mitarbeiterzufriedenheit und man bemüht sich um neue Produkte **und bemüht sich um Controlling**.

Beide - die Produkt- wie die Strukturkosten - sind zu beurteilen auf die **Beeinflussbarkeit** mit Entscheidungen. Dabei spielt die Fristigkeit eine Rolle. **Kurzfristig** kann bei den Kosten weniger entschieden werden als **mittel- bis langfristig**. Aber gerade bei den Strukturkosten lässt sich auch schnell etwas verändern, besonders in der Werbung und bei der Weiterbildung. Dass dann die weichen Erfolgsfaktoren - die **intangible assets** - abnehmen, merkt man in der Regel nicht sogleich.

Die **Prozesskostenrechnung soll dazu beitragen, die Strukturkosten besser beeinflussbar zu gestalten,** was besonders dann gelingt, wenn man daran arbeitet, solange man es nicht nötig hat.

Die dritte Kategorie in der Kostenbegrifflichkeit ist **die Erfassbarkeit** als **Einzelkosten relativ zu Kostenträger, Kostenstelle, Kunde** oder **Region** oder auch **je Hauptprozess.** Falls nicht, bleiben die Kosten **Gemeinkosten.** Einzelkosten gibt es bei den Produktkosten wie bei den Strukturkosten. Fertigungsmaterial und Fertigungslöhne sind Einzelkosten relativ für die Produkte erfassbar (direct material and direct labor). Aber **auch bei den Strukturkosten gibt es solche,** die von Haus aus **produkt-relative Einzelkosten** sind: das Büro eines Produktmanagers ist direkt zuordenbar zu seiner Produktgruppe; eine spezifische Mediamaßnahme kann direkt **gewidmet** sein für einen Produkttyp. Zum Einzelkosten- charakter der Strukturkosten trägt bei die **innerbetriebliche Leistungsverrechnung.** Gerade dazu sind nötig die **Vorgänge und die Vorgangskostensätze** (oder Prozesskostensätze). Philosophie: **Was ich selber einzeln weiß, macht mich heiß für Maßnahmen,** die sich vorteilhaft auswirken bei den Strukturkosten oder bei den Produktkosten oder bei beiden.

Strukturkosten in der Produktkalkulation

Die Zuordenbarkeit der Strukturkosten ist gerade auch in der **Preisfindung** von großem Vorteil. Man kann wichtigen Kunden auch die **Nötigkeit von Verkaufspreisen in bestimmter Höhe** besser nachweisen als mit den prozentualen Zuschlagsätzen. Welche Prozesse des sich Bemühens sind direkt einem Produkt oder einer Produktgruppe **gewidmet. Nicht verursacht!** Ein Produkt verursacht keine Werbe- maßnahme, sondern **ein Produktmanager löst das aus. Aber die Maßnahme ist dem Produkt gewidmet** und soll von diesem zurückverdient werden in Form eines Deckungs- beitrags. Also müssen entsprechende Zieldeckungsbeiträge in der Preiskalkulation angesetzt werden.

Beispiel einer prozessorientierten Kalkulation

Nehmen wir an, ein Produkt wird hergestellt in Eigenfertigung. Die betreffende **Eigenfertigungskomponente (A)** wird in 10 Arbeitschritten aus 40 Stücklistenpositionen hergestellt. Die 40 Positionen müssen im Lager bereitgestellt werden. Die Fertigungskosten machen 50,- aus; darin sind 20,- Produktkosten und 30,- Strukturkosten. Diese entsprechen den Strukturkosten in Fertigung und sind entlang der Arbeitspläne parallel kalkuliert (also ein Maschinenstundensatz zu Produktkosten und entsprechend auch zu Strukturkosten aus der Fertigungskostenstelle. Die Losgröße beträgt 20 Stück.

In die Eigenfertigungskomponente werden hinein verbaut 40 **Kaufteile (B)**. Diese 40 Stücklisten-Positionen werden mit einer Bestellmenge von 100 zum Preis von 2,- je Einheit eingekauft und eingelagert.

1 Komponente aus Eigenfertigung **A**	53,08
Fertigungskosten	50,00
Prozesskosten: Materialbereitstellung HP 37 (0,29) * STL-Pos. (40) : Losgröße (20)	0,58
Prozesskosten: Fertigungssteuerung HP 39 (5,-) * Arbeitsschritte (10) : Losgröße (20)	2,50

40 * 2,09

1 Kaufteil **B**	2,09
Einstandspreis	2,00
Prozesskosten: Materialdisposition HP 34 (9,-) : Bestellmenge (100)	0,09

Ein Kaufteil hat einen Einstandspreis von € 2,-. Die Materialdisposition bildet in der Liste der Hauptprozesse den HP 34. Dort ist ein Prozesskostensatz eingetragen in Höhe von € 9,- bezogen auf die Zahl der Bestellungen. **Hier in der Preiskalkulation ist nötig der Kostensatz total.**

Bestellt werden 100 Stück. Also treffen auf ein Stück vom Prozesskostensatz nur ein Hundertstel. Dieses beläuft sich für das Zukaufteil B dann auf € 0,09. Mit Prozesskosten ergibt sich für das B-Teil ein Kostenbetrag von € 2,09. 40 davon werden gebraucht für das Produkt A. Das ergibt den Betrag von € 83,60.

Die Fertigung von A braucht die Materialbereitstellung. Dies ist der Hauptprozess Nr. 37 mit einem Kostensatz von 0,29. Dieser wird 40 mal gebraucht; was 11,60 ergibt. Die Losgröße, in der die Eigenfertigungskomponente A hergestellt wird, beläuft sich auf 20 Stück. Also sind anzusetzen € 11,60 / 20 = 0,58 - wie eingetragen in das Schema.

Die Fertigungssteuerung ist im Hauptprozess 39 vorbereitet. Die Einheit ist dort (Seite 206) die Anzahl Arbeitsplanoperationen. 10 davon werden benötigt für Produkt A. Also Kostensatz € 5,- mal 10 Schritte ergibt € 50,-. Die Losgröße ist 20 Einheiten; mithin 50 / 20 ergibt € 2,50.

Die Summe für die Komponente A ist € 53,08; dazu kommen die Kaufteilekosten in Höhe von € 83,60, so dass sich die Kosten je A belaufen auf zusammen **€ 136,68.**

Sie mögen nun, liebe Leser und Benutzer der vorgestellten Methodik, den Eindruck gewinnen, dass es sich hier um ein ziemliches Cent - Geschäft handelt. Aber in der Preisbegründung einen Cent pro Stück besser durchsetzen zu können, ist auf viele Stücke bezogen vielleicht doch ein ganz ordentlicher Euro-Betrag. Schließlich würden Sie als

Controller besser auch begründen können, dass Sie Ihr Geld wert sind - oder auch eine Erhöhung Ihres Gehalts verdient haben.

Die folgende Tabelle stellt die Kalkulationsdaten des Beispiels nochmals zusammen. Diese Methodik könnte, soweit es die Ansätze bei den Strukturkosten im Sinne der Prozesskostenrechnung betrifft, dazu dienen, das Kalkulations-Schema weiter zu verfeinern. Die Strukturkosten der Fertigung sind errechnet, wie erwähnt, mit den Strukturkostensätzen je Bezugsgrößeneinheit in den Fertigungsstellen.

Positionen Produkt-Typ	Mengen u. Tarife		Proko	Prozess- kosten	Struko Fertigg	Gesamt
Materialkosten Kaufteile B zu Einstandspreis	40 à 2,-	80,00	80,00			80,00
Prozesskosten Beschaffung Kaufteile B	40 à 0,09	3,60		3,60		3,60
Fertigungskosten Eigenteil A	20,- + 30,-		20,00		30,00	50,00
Prozesskosten Materialbereitstellung Eigenteil A	0,58			0,58		0,58
Prozesskosten Fertigungssteuerung Eigenteil A	2,50			2,50		2,50
Gesamt			100,00	6,68	30,00	136,68

Zusammenstellung im Sinne des Kalkulations-Panoramas - vgl. auch www.controllerakademie.de unter Re-Training Stufe II

Angenommen, der Verkaufspreis für die Eigenfertigungs-komponente A beliefe sich auf € 150,-, so hätte man bei dem Projekt einen Deckungsbeitrag in Höhe von 50,-, der durch den Bedarf an Strukturkostendeckung detailliert begründet ist.

Was ist, wenn der Verkaufspreis € 125,- beträgt

Kein Zweifel: die Prozesskostenrechnung ist eine Vollkostenrechnung; besonders bei der Anwendung der Totalkostensätze. Der **Urfehler der Vollkostenrechnung** - gefördert durch das Wort "Selbstkosten" - besteht darin, jetzt zu sagen, **Komponente A sei ein Verlustprodukt** und man würde € **11,68 drauflegen.** Diese Erkenntnis könnte **zur Fehlentscheidung** führen, den Auftrag nicht anzunehmen oder dieses Produkt komplett im Sortiment zu streichen in der Annahme, damit den Verlust zu vermeiden und den Gewinn des Unternehmens zu steigern.

Das ist aber nicht so. Man hätte in diesem Fall **auf einen Deckungsbeitrag von € 25 je Stück verzichtet.**

Hätte man diesen Deckungsbeitrag brauchen können? Die Strukturkosten, die in der Kalkulation als Deckungsziel angesetzt sind, fallen nicht automatisch weg, wenn man den Auftrag nicht macht. Der Deckungsbeitrag ist sofort nicht da.

Was hätten die Ressourcen, die hinter den 10 Arbeitsschritten der Eigenfertigung stehen, sonst gemacht? Wenn sie rum stehen, sind auch diese Kosten kurzfristig vorhanden.

Falls die Ressourcen voll beschäftigt sind, müsste man den Deckungsbeitrag je Stück von € 25,- beziehen **auf die Minuten Fertigungszeit.** Falls dann das Resultat im Vergleich mit anderen Aufträgen nicht so gut da steht, könnten die Produkte der Eigenfertigungskomponente A einen späteren Liefertermin kriegen - oder die Kundschaft müsste uns noch einen Termin-Bonus vergüten.

Statt Verlust am Auftrag, Deckungsdivisor als Kennzahl

Beträgt der Verkaufspreis € 125 und zieht man von diesem die kalkulierten "Selbstkosten" von 136,68 ab, so entsteht ein Stückverlust von € 11,68. Diese Zahl könnte zu der erwähnten falschen Entscheidung führen.

Minus 11,36 drückt aus, **dass der Deckungsbeitrag um diesen Betrag hätte höher ausfallen sollen.** Diese richtige Erkenntnis lässt sich fördern, wenn man den Verkaufspreis durch den Selbstkostensatz **dividiert.** Rechnerisch käme heraus: **136,68 / 125,00 = 1,09.**

Der **Deckungs-Divisor** drückt aus, dass die Kosten noch **um 9 % oberhalb des Verkaufspreises "wuchten".** Entweder kriegt man jetzt den Verkaufspreis rauf **(target price)** oder man muss die Prozesse um das Produkt herum abmagern **(target cost).**

Stichwortverzeichnis